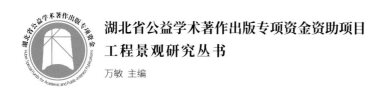

湖北省公益学术著作出版专项资金资助项目

工程景观研究丛书

万敏 主编

城市湖泊与河流景观亲水性及空间信息研究

Affinity for Water: A Spatial Information Study of Urban Lakes and Riverscapes

王贞 张何 著

华中科技大学出版社
http://press.hust.edu.cn
中国·武汉

图书在版编目（CIP）数据

城市湖泊与河流景观亲水性及空间信息研究/王贞，张何著.—武汉：华中科技大学出版社，2023.10
（工程景观研究丛书）
ISBN 978-7-5772-0224-2

Ⅰ.①城… Ⅱ.①王… ②张… Ⅲ.①城市环境-水环境-空间信息系统-研究 Ⅳ.①X321

中国国家版本馆CIP数据核字(2023)第253912号

城市湖泊与河流景观亲水性及空间信息研究　　　　　　　　　王　贞　张　何　著
Chengshi Hupo yu Heliu Jingguan Qinshuixing ji Kongjian Xinxi Yanjiu

策划编辑：易彩萍
责任编辑：易彩萍
封面设计：张　靖
责任监印：朱　玢
出版发行：华中科技大学出版社（中国·武汉）　　　　电话：（027）81321913
地　　址：武汉市东湖新技术开发区华工科技园　　　　邮编：430223
录　　排：华中科技大学惠友文印中心
印　　刷：湖北金港彩印有限公司
开　　本：787 mm×1092 mm　1/16
印　　张：12.25
字　　数：320千字
版　　次：2023年10月第1版第1次印刷
定　　价：128.00 元

投稿邮箱：3325986274@qq.com
本书若有印装质量问题，请向出版社营销中心调换
全国免费服务热线：400-6679-118　竭诚为您服务

作者简介 | About the Authors

王贞

女，湖北省武汉市人。任教于华中科技大学建筑与城市规划学院设计学系，工学博士。中国留学人才发展基金会"水岸保护公益专项基金"联合创始人、主任，武汉市申报"设计之都"的特聘专家。主要研究方向为生态环境改善及文化景观保护。主持国家自然科学基金一项，省部级自然科学基金及社会科学基金多项，出版学术著作 2 部，发表中英文学术论文 20 余篇。

张何

男，湖南省岳阳市人。任教于厦门大学创意与创新学院。美国佛罗里达大学建造与规划学院建筑科学与技术博士（PhD）。美国绿色建筑委员会（USGBC）认证绿色节能建筑标准评估专家 LEED AP。国际 WELL 建筑研究院（IWBI）认证健康建筑标准评估专家 WELL AP。从事可持续发展、适应性设计、空气质量分析等相关研究。发表 SCI 二区及以上 SCI 收录期刊论文 10 余篇。

本书受到中央高校基本科研基金
（编号 2015QN061）的资助。

目　　录

第一章　绪论

第一节　研究背景

作为自幼生活在"千湖之省""百湖之市"的武汉人，笔者对湖泊与河流的热爱早已深入骨髓。近年来，每当看到光秃、僵直的人工硬质护岸景观和污染日益严重的湖泊与河流水体，内心就充满了要为城市滨水景观的健康发展做一点力所能及贡献的强烈愿望。

人类自古就有亲水的天性，我国更是拥有亲近自然、道法自然的悠久历史：孔子在《论语》中指出"知者乐水，仁者乐山"，老子在《道德经》中也有"上善若水"的名句。湖泊作为地球水生态系统的重要组成部分，同时也是城市重要的水体形式和生态资源，在调节城市小气候、调蓄洪水和改善城市生态环境等方面发挥着不可替代的作用。我国湖泊景观的营造史更是源远流长，可以追溯到汉武帝时期所建"建章宫"的太液池[1]，其后经唐至清，"理水"一直是中国传统园林营造中重要的内容（图1-1），但历史上绝大多数优秀的城市湖泊景观一直以园林的形式为帝王将相所私有。我国历史上初具现代意义的城市湖泊景观建设源自20世纪初，一些毗邻城市且有历史渊源的大型自然湖泊，如杭州的西湖、武汉的东湖、南京的玄武湖等，这些湖泊靠近城市或者位于城市内部，或与河流相连，或受山泉活水的滋养，颇受人们青睐，故而经历代疏浚而开发成为中外闻名的旅游景点和城市名片。

河流是地球上水分循环的重要路径，是泥沙、盐类和化学元素等进入湖泊、海洋的通道，对自然界物质能量的传递与输送起着重要的作用，因此河流被形象地称为"地球的动脉"。河流还是人类可依赖的最主要的淡水资源，也是可更新的清洁能源的重要来源，它支撑着人们的日常生活。世界上的大江、大河几乎都是人类文明的重要发源地，例如，黄河流域出现的华夏文明、尼罗河流域出现的古埃及文明、两河流域出现的古巴比伦文明等。河流便利的运输、灌溉、生活用水条件是城市发展的重要因素。自古以来人类就喜欢滨江临河、逐水而居，江河流域、河口、湖岸和海岸都是城市选址的重要条件，可以说是河流孕育了城市和城市文化。正如我国古书《管子》所言："凡立国都，非于大山之下，必于广川之上。高毋近旱，而水用足；下毋近水，而沟防省。"

据资料记载，世界上最早的城市产生于中国的黄河流域和埃及的尼罗河流域。许多著名城市也都是与河流紧密相关的，如伦敦与泰晤士河、巴黎与塞纳河、东京与利根川、纽约与哈德逊河、布宜诺斯艾利斯与拉普拉塔河、罗马与台伯河、柏林与莱茵河、莫斯科与莫斯科河、华沙与维斯瓦河、布达佩斯与多瑙河等。我国的很多城市也都是与江河为畔，如南方的广州、深圳、福州、上海、南京、重庆、昆明等，北方的哈尔滨、吉林、沈阳、锦州、北京、天津、兰州等都是如此。可以说，城市的历史就是人类成功地利用河流水系给城市以生命的发展史[2]。

1　郑华敏. 论我国城市湖泊景观发展及现状［J］. 福建建筑，2008（4）：82-84.
2　陈光庭. 城市发展与河流关系三议［J］. 城市问题，1998，81（1）:29-39.

图 1-1　竹西草堂图（〔元〕张渥）

本书的研究对象——作为城市公共空间的城市湖泊及河流，是现代城市建设的有机结合体，人们通过规划设计相应的水体景观来塑造新型城市开放景观空间，维护良好的城市水环境，目的是为城市公共生活提供优质的亲水场所。作为城市空间的重要组成部分，城市湖泊及河流具有自然和社会的双重功能，是城市的重要资源和财富，在供水、排涝、运输、环境、生态、景观、文化等方面都具有非常重要的价值（表 1-1）。

表 1-1　城市湖泊及河流的功能一览表

水利功能——保障人民生命财产安全	生态功能——平衡生态环境	社会功能——满足人们的精神需求
供水	调节小气候	游憩
防洪排涝	控制污染	审美
航运、交通	提供生态廊道	科研、教育
	保持物种多样性	

资料来源：作者整理。

正是由于城市湖泊及河流对于城市发展的重要作用，当前城市湖泊及河流所面临的种种问题也备受瞩目。改革开放四十多年以来，令世界瞩目的快速城市化发展在带来巨大经济效益的同时，也使我国城市的数量、规模和形态都发生了翻天覆地的变化。而城市地区的自然资源也遭受到了意想不到的破坏，特别是包括湖泊及河流在内的城市水体面临着越来越严重的水质污染、面积缩小、生态功能退化、景观质量下降、生物多样性锐减等困境。这些环境问题在很大程度上已经开始制约城市的可持续发展，并为城市居民生活质量的提高埋下了隐患。21世纪以来，随着全球化带来的社会、经济、环境观念的不断发展，人们逐渐认识到城市湖泊及河流对于城市发展的重要性，城市水环境保护的理念逐渐得到业界、媒体甚至广大民众的认同，城市湖泊及河流生态修复、城市滨水区更新等针对城市水体的理论研究以及规划建设都如火如荼地发展开来（图1-2）。

图1-2 城市湖泊

通过文献检索发现，有关城市湖泊及河流研究的文献以环境科学为主导，其中以研究城市湖泊及河流的水质污染状况及改善方法的居多。而城市建设领域的相关论文则以城市湖泊及河流的生态服务功能、运用植物进行生态修复等研究为主导。其中有关城市湖泊及河流景观的研究文献相对较少，甚至连城市湖泊及河流景观的定义都不明确。现代城市湖泊及河流景观是一个复杂、开放、动态的系统，过去那种单纯从美学角度探讨滨水景观营造的方式已经不能适应新时期城市滨水景观建设的需要。

地理信息系统（geographic information system，GIS）作为一个收集、储存、分析和传播地球上关于某一地区信息的系统，以其强大的地理信息空间分析功能，在环境及景观规划设计实践中发挥着越来越重要的作用[1]，特别是作为强大、灵活的决策支持系统，在城市景观设计相关行业受到越来越多的重视。本书从认识城市滨水景观特征入手，以城市滨水景观亲水性为切入点，利用 GIS 技术辅助进行滨水景观亲水性因子的采集和分析，试图寻找辅助现代城市滨水景观设计的科学方法。本书致力于发掘有助于保持城市水环境的生态质量、塑造可持续发展的城市滨水景观、实现人与水的和谐相处、保持城市文脉、使人民安居乐业的城市景观设计的新途径。本书的研究内容积极补充了国内外对于城市滨水景观亲水性研究的不足，也探讨了GIS 技术在该领域应用的可能途径。期待本书的研究内容可以指导实践、引发研究。

一、我国城市湖泊及河流环境现状

（一）我国城市湖泊及河流承受着巨大的环境压力

众所周知，水是人类赖以生存的主要物质要素之一。作为人类聚居点的城市，从建立、发展、繁荣到消亡的过程都与水有着密切的联系，可以说水是城市的命脉。世界上几乎所有的城市都与不同形态的水体有关系，如依傍着江、河、湖、海、溪、泉等水源的城市。分析成因我们知道，湖泊是地壳运动、大自然侵蚀及堆积作用或人为力量等使得地表形成凹陷地区——湖盆，并且湖盆积水而形成的，其换流异常缓慢且与大洋不发生直接联系，因此大量的湖泊位于乡野和山区，属于自然和半自然型湖泊。与人类联系最为紧密的水体类型包括城市里的湖泊及河流。城市湖泊是指那些临近或者位于城市市域范围的具有一定面积的"四周陆地所围之洼地"，它们包括自然形成的和人工开挖的两类[2]。绝大多数城市湖泊属于中、小型湖泊，水深较浅。而城市河流是指流经城区的河流或河段，也包括一些人工开挖、但经过多年演化已具有自然河流特点的运河、渠系。

中国是一个多水的国家——湖泊及河流众多，这些湖泊及河流不仅是中国地理环境的重要组成部分，还蕴藏着丰富的自然资源，各类湖泊及河流以分布广泛、类型多样、成因复杂而著称于世。资料显示[3]，截至 2020 年我国常年水面面积 1 km² 及以上的湖泊有 2670 个，水面总面积达 8.07 万 km²。自然湖泊因受降水、径流和地貌条件的影响往往成群分布，我国湖泊主要集中于东部平原、青藏高原、蒙新高原、云贵高原和东北平原这"五大湖区"[4]。城市湖泊则以长江中下游平原分布最广泛，如湖北省就有"千湖之省"的美誉，其省会武汉更是有"百湖之市"的雅号。中国也是世界上河流最多的国家之一，有许多源远流长的大江大河，其中流域面积超过 1000 km² 的河流就有 1500 多条。

相较于非城市的湖泊及河流来说，城市较高的人口密度和全年可达性使得城市湖泊及河流

1　宋力，王宏，余焕 . GIS 在国外环境及景观规划中的应用［J］. 中国园林，2002，18（6）：56-59.

2　许文杰 . 城市湖泊综合需水分析及生态系统健康评价研究［D］. 大连：大连理工大学，2009.

3　中国科学院南京地理与湖泊研究所 . 中国湖泊生态环境研究报告 [R]. 2022.

4　金相灿，等 . 中国湖泊环境：第一册［M］. 北京：海洋出版社，1995.

成为城市公共生活中一个重要的空间。与世界很多发达国家曾经经历过的一样，我国 40 多年来高速的城市化发展也给城市湖泊及河流带来了前所未有的负面影响，2023 年 5 月 29 日发布的《2022 中国生态环境状况公报》显示，全国 210 个开展水质检测的重要湖泊（水库）中有 26.2% 的水质在Ⅳ类[1] 及以下，204 个开展营养状态检测的重要湖泊（水库）中有 29.9% 的湖泊存在轻度或者中度富营养化问题[2]。这些数据是针对全国各地较大型（面积大于 10 km^2）的湖库（如太湖、巢湖、滇池、丹江口水库等）而言的，因此，对于数以万计规模小、与人类生产生活关系更为直接和密切的城市湖泊来讲，情况则更为严重。

通过研究发现我国城市湖泊及河流正面临着如下问题。

1. 湖泊萎缩、河流干涸

湖泊及河流环境的变化最直观的表现就是湖泊及河流面积的扩展或退缩。对于我国的自然水体来讲，近几十年来除了少量因补给水源的影响有短时水位上升、湖面扩张等情况，普遍发生了湖面退缩、水位下降甚至干涸消亡的情况。资料显示截至 2009 年，我国在过去的半个世纪已经减少了约 1000 个内陆湖泊，平均每年有 20 个天然湖泊消亡[3]。这种情况的出现一方面是受到水文、气候等自然环境因素的影响——百年来全球气候以暖干为主要特征，造成湖面蒸发量超过湖面降水量与入湖径流量之和，因而造成湖水均衡亏损量累计递增，"入不抵支"。另一方面，对于城市自然水体来讲，随着经济发展和人口的快速增长，城市建设的扩张造成了城市湖泊面积的锐减。例如，"百湖之市"的武汉在 20 世纪 80 年代社会稳定、人口迅速增加，为了适应经济发展和人口增长，政府提出了"向荒湖进军，插秧插到湖中心"的运动，随之而来的大量水利建设、围田垦殖致使城市湖泊迅速缩小、分解和消亡，湖面面积较 20 世纪 50 年代减少率高达 55%，成为武汉市城市湖泊形态、面积和数量变化的鼎盛期。到了 20 世纪 90 年代末，由于新一轮的城市建设发展，"围湖筑房、填湖筑房"运动大量填占了城市湖泊作为建设用地、道路交通用地，致使湖泊面积持续锐减。尽管政府和社会各界对城市湖泊保护问题的关注度不断提高，使得武汉市湖泊萎缩速率明显下降，但减少率仍然达到了 22.9%[4]（图 1-3）。同时城市规模的急剧扩大导致用水需求的剧增，而水资源的持续短缺造成的资源性缺水与水质不断恶化导致的水质性缺水极大地影响了人民生活质量的提高，对社会经济发展的阻碍也越来越明显。

2. 水体污染，威胁城市供水安全

随着社会经济及城市建设步伐的加快，工业发展日新月异，城市人口密度呈逐年增加趋势，大量城市生活污水、工业污水、农业生产及城市地表径流携带的污染物直接排入城市水体，各类废弃物也被直接倾倒入城市水体，其中有相当一部分甚至未经有效处理就直接进行了排放，这使得越来越多的城市水体成为城市纳污场所，水质普遍污染严重，有的甚至黑臭。城市水体

1　《地表水环境质量标准》（GB 3838—2002）的表 1 中除水温、总氮、粪大肠菌群外的 21 项指标依据各类标准限值分别评价各项指标水质类别，然后按照单因子方法取水质类别最高者作为断面水质类别。Ⅰ、Ⅱ类水质可用于饮用水源一级保护区、珍稀水生生物栖息地、鱼虾类产卵场、仔稚幼鱼的索饵场等；Ⅲ类水质可用于饮用水源二级保护区、鱼虾类越冬场、洄游通道、水产养殖区、游泳区；Ⅳ类水质可用于一般工业用水和人体非直接接触的娱乐用水；Ⅴ类水质可用于农业用水及一般景观用水。
2　中华人民共和国生态环境部. 2022 中国生态环境状况公报［R］. 2023-05-29.
3　来自 2009 年 11 月 2—5 日的第 13 届世界湖泊大会的相关报道。
4　武静. 武汉滨湖景观变迁实证研究［D］. 武汉：华中科技大学，2010.

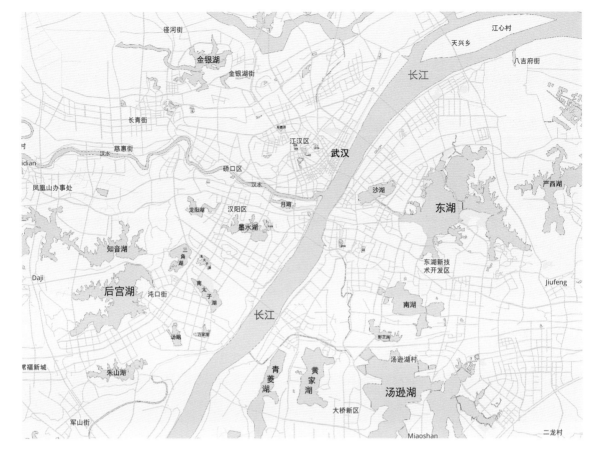

图 1-3　武汉市湖泊与河流的分布状况

接受过量的污水，水体自净、更新的速度远不及其被污染的速度，很多已经远远超出了水体自净能力的上限，这就直接导致了城市水体水质的急速下滑、水体污染严重，其中最为普遍的问题就是富营养化导致的蓝藻水华泛滥和水体黑臭（图 1-4）。

　　富营养化（eutrophication）是一种氮、磷等植物营养物质含量过多所引起的水质污染现象。世界经济合作与发展组织提出富营养湖的指标为：平均总磷浓度大于 0.035 mg/L，平均叶绿素浓度大于 0.008 mg/L，平均透明度小于 3 m。而大量未经处理的工业废水和生活污水中均含有磷、氮等营养素，且湖泊水体水流滞缓、滞留时间长的特征十分适宜于植物营养素的积聚和水生植物的生长繁殖。当湖泊水体中营养素积聚到一定水平，富营养化的湖泊水体在阳光和水温达到最适于藻类繁殖的季节，大面积的水面就会被藻类覆盖而形成水华，它不仅使水带有恶臭，还会遮蔽阳光，隔绝氧元素向水中溶解，导致鱼类及其他生物大量死亡。调查显示，1978—1980年我国大多数湖泊还处于中营养化状态，占调查面积的 91.8%，贫营养化状态湖泊占 3.2%，富营养化状态湖泊仅占 5.0%[1]。而在 2009 年 11 月，中国环境科学学会副理事长、国际湖泊环

1　谢平. 论蓝藻水华的发生机制——从生物进化、生物地球化学和生态学视点［M］. 北京：科学出版社，2007.

图1-4　城市湖泊水体富营养化

境委员会委员金相灿在第13届世界湖泊大会上介绍，20世纪70年代我国湖泊富营养化面积约为135 km²，40年后的21世纪10年代，富营养化面积约为8700 km²，激增了60多倍（图1-5）。

　　作为城市重要水源的城市湖泊及河流，一旦遭受污染，对城市安全的威胁是非常大的。例如，2007年5月发生在太湖无锡贡湖水厂的饮用水污染事件，使政府和民众对湖泊富营养化和蓝藻水华问题空前关注，市民闻蓝藻色变。因此城市湖泊的水质安全问题现在已经成为全社会共同关注的重点问题之一。

　　3. 生态功能退化，生物多样性锐减

　　洪水灾害一直以来都是全球滨水城市普遍面临的巨大威胁，有数据显示，仅20世纪的最后10年，洪水灾害就导致全球大约10万人丧生，超过1.4亿人口受到洪水的影响。这些数据不仅显示出与其他自然灾害相比，洪水是对人类的健康幸福影响最为巨大的自然灾害类型之一，而且这些影响还会间接地反映在生态系统、社会经济、文化历史等各个方面。近两个世纪以来，人们为了保护生命财产安全的需要，普遍对自然水体进行裁弯取直，用混凝土等硬质材料衬砌河床、护岸等（图1-6）。此举不但改变了水体的自然形态，而且使水体横向与纵向水循环过程均受到不同程度的破坏，极大地改变了河流的结构功能，造成一系列生态环境问题。

图 1-5　2017 年 7 月，水污染依然很严重的滇池

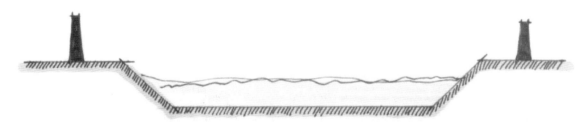

图 1-6　渠化的硬质河道剖面图

　　城市湖泊及河流不仅是地球上重要的淡水资源库、洪水调蓄库，还是物种基因库。然而自20 世纪 80 年代以来，人类活动引起的水质下降和水体过度利用等问题，导致了各类水体生态功能的总体退化，许多生物赖以生存的栖息地大量消失，集中表现为鱼类资源种类减少、数量大幅度下降，动植物生物多样性不断降低，高等水生维管束植物与底栖生物分布范围缩小，浮游植物（藻类）等大量繁殖并不断集聚，从而造成生态灾害[1]。

1　杨桂山，马荣华，张路，等 . 中国湖泊现状及面临的重大问题与保护策略［J］. 湖泊科学，2010，22（6）：799-810.

作为城市中重要景观单元的湖泊及河流往往成为城市开发的重点地区，为了与水争地，人们经常填埋水体，导致城市水面面积锐减、水土流失、水质污染等问题的加剧，城市的环境质量随之严重下降。此现象在世界各国的城市发展史中都有不同程度的呈现，导致城市整体生态环境呈现不同程度的退化。

4. 洪水调蓄能力下降，加重城市洪涝灾害

城市湖泊及河流所承担的防洪功能在保障城市居民安居乐业方面的作用是举足轻重的。但是近 40 年来，城市湖泊大量被填埋、侵占，致使城市湖泊的洪水调蓄容积减少，直接导致其调蓄功能下降，并在相当程度上引发了湖泊和河流洪水位的不断升高。例如，1998 年特大洪水灾害期间，洞庭湖区湖口城陵矶站最高洪水位就分别比 1954 年、1996 年高出 1.39 m 和 0.63 m，达到了历史最高纪录。又如位于长江中下游平原的江汉湖群，其面积由 20 世纪 50 年代的 8303.7 km^2 下降到 20 世纪 90 年代的 3210.2 km^2，约减少了 61.3%，其蓄洪能力下降了 80% 左右[1]，这些城市湖泊及河流调蓄洪水能力的大幅下降，直接威胁到城市的防洪安全。

除了日益增加的洪水威胁，城市内涝也是近 10 年来困扰我国大中城市的与湖泊及河流环境变化密切相关的严重环境灾害之一。例如，2012 年 7 月 21 日至 7 月 22 日中国大部分地区遭遇暴雨，其中北京及周边地区遭遇 61 年来最强暴雨，大雨引发严重内涝，受灾人口达 190 万，经济损失近百亿元，特别是 79 人的遇难造成了巨大的社会影响。而暴雨淹城的景象不仅仅在北京一地出现，近年来武汉、广州、杭州等城市也频遭强暴雨袭击，可说是"逢雨必涝，遇涝则瘫"，"看海"成为全国的流行词。中华人民共和国住房和城乡建设部 2010 年对全国 351 个城市进行的专项调研结果显示，2008—2010 年全国有 62% 的城市发生过城市内涝，其中内涝灾害超过 3 次以上的城市有 137 个，最大积水时间超过 12 个小时的城市有 57 个之多。经过分析我们发现，尽管不能否认我国城市排水管道设计标准确实落后，但除此之外，大量填湖、占湖所导致的城市汇水能力下降也是城市渍水加剧的根本原因之一。武汉市水务局的调查数据显示，20世纪 80 年代以来，武汉市湖泊面积减少了 228.9 km^2，这表明有近 100 个城市湖泊在这期间人间"蒸发"。若以这些城市湖泊平均深度为 1 m 计算，这些被填占、消失的湖泊的蓄水容量高达 2.3 亿 m^3，那些本来应该流向湖泊及河流、被其吸纳排走的降水现在只能在城市内恣意横流，自然加重了城市排水的负担，增强了内涝的程度（图 1-7）。

5. 滨水空间建设不合理，亲水性较差

天然的湖泊本应是自然流畅、丰富多彩的，天然的河流是蜿蜒曲折的，有"浅滩"和"深潭"，或急或缓，水草丰美、鸟语花香，各种生物聚集在河道两边，是一幅人水和谐的自然美景（图 1-8）。滨水空间应该是城市居民亲近、接触自然的绝佳窗口，是人与自然相互交流的优质场所。而现代城市的湖泊及河流已经基本上很难寻觅如此景象了，取而代之的是笔直僵硬的混凝土防洪堤或几何形的沿岸"绿化工程"。城市滨水景观形态的雷同导致各地城市滨水景观形式趋同现象非常严重，城市湖泊及河流失却了由其独特的地理位置、历史渊源、文化底蕴、功能侧重不同而本应具有的文化特质。通过调查我们发现，我国城市滨水环境的亲水性并不理想：有些城市滨水空间疏于管理、杂草丛生，这种问题可能是湖泊及河流本身地理位置而造成的通达性差导致的，也可能是交通不便造成的，无论哪种物理上的隔绝性都会对城市滨水空间服务功能的实

1　长江水利委员会长江科学院，中国科学院测量与地球物理研究所，中国水产科学研究院长江水产研究所.长江中游江湖联系综合评价及闸口生态调度对策总报告［R］.2006.

图 1-7 城市内涝（剑桥市康河，2023 年 10 月）

图 1-8 自然河流的断面

现造成巨大影响，即便政府花费巨大投资修建的滨水景观工程，也会由于缺少人使用而日益荒废；而另外一些已经开发成为城市公共休闲空间的滨水空间，却因缺少切实针对使用者需求的设计，或者"过度设计"而导致人们很难真正接触到水体，人为地造成滨水空间的使用不便。

城市快速交通导致城市水体的亲水性降低，主要原因是有些城市将滨水道路设计为城市主干道，繁忙的机动车交通会阻碍人们安全抵达滨水空间；另外，几何形硬化护岸的现象在 20 世纪 90 年代之后非常普遍，这些工程建设不但使滨水景观失去了原有的自然形态，生硬而缺少美感，植被的缺失更是使得滨水空间在夏天缺少遮阴的树木，从而大幅度降低了环境的舒适度；加之很多滨水区缺少必要的环境服务设施，如座椅、亭、台、楼、榭，使得其使用率大幅度降低（图1-9～图1-11）。以上几点都降低了城市滨水景观的亲水性，使得人们即使身在拥有大量水系的城市之中，也很难感受到城市滨水景观带来的益处。

图1-9　上海市城市河流

图1-10　武汉城市河流护岸

图1-11　恩施城市河流护岸

（二）造成问题的原因

地球上的水体是一个复杂的生态系统，既不是地球与生俱来的地质现象，也不是永恒的存在，它是地球地质过程（内、外地质营力作用）的产物，经历着从诞生到消亡的历史过程，是一种自然过程。然而近百年以来的人类活动已经完全、永久地改变了地球的自然环境，突出表现在大气中的二氧化碳（CO_2）水平持续升高、全球气温升高、海平面升高、生物多样性大幅减少等方面，这些现象引起了众多科学家的注意，有学者[1]提出地球已经进入了一个崭新的历史新纪元——"人类世（Anthropocene）"（图1-12）。人类世的概念出现至今不过二十余年，已经得到了世界上各相关学界和公众的广泛关注和认可，即使作为地质年代名称，"人类世"的认定绝非一日之功，但无人可以否认人类借助千百年来的技术进步和文明发展，已经成为一种新的"地质营力（geologicalforce）"而彻底改变了地球表面[2]。作为自然过程中形成的水体，特别是城市湖泊及河流也不例外，譬如围垦、水利调控、氮磷等污染物排放、生物资源过度利用等人类行为已经致使许多城市湖泊面目全非[3]，更为震惊的是，受到人类强烈影响的湖泊及河流已经反过来越来越严重地影响到人类的生活了。

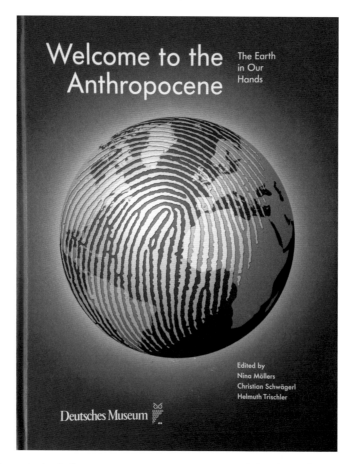

图1-12　Welcome to the Anthropocene：The Earth in Our Hands（欢迎来到人类世：我们手中的地球）

通过以上研究，我们可以将全国范围内城市湖泊及河流面临环境问题的主要原因归结于以下几方面。

1　1995年诺贝尔奖得主荷兰大气化学家Paul Crutzen在2000年提出"人类世"概念。

2　MCNEILL J R，ENGELKE P. The Great Acceleration：An Environmental History of the Anthropocene Since 1945［M］. Massachusetts：The Belknap Press of Harvard University Press，2014.

3　谢平. 翻阅巢湖的历史——蓝藻、富营养化及地质演化［M］. 北京：科学出版社，2009.

1. 城市人口增长

改革开放以前我国经济发展水平较低，农村经济一直在国民生产中占主导地位。但随着20世纪80年代后我国经济的腾飞，大量农村人口涌入城市，中国的城市化水平得到了空前提高。我国1953年、1964年、1982年、1990年、2000年和2010年的人口普查资料显示，城市化率依次为12.84%、17.58%、20.43%、25.84%、35.39%和49.68%[1]。2011年我国城镇化率首次过半（51.27%），这说明我国不再是农业国家。国家统计局数据显示，2021年我国城镇化率已经达到了64.72%。[2]

城市湖泊及河流的主要功能之一就是作为水源地为城市居民提供生活用水。如此大量的人口从农村涌入城镇工作和生活，不仅为城市发展带来了巨大生产力，增加了城市从湖泊及河流取水的量，还产生了大量的资源需求并导致很多社会及生态问题，如加大了生活污水的排放总量。生活污水如果不经过有效处理而直接排放到城市湖泊，无疑会导致城市湖泊严重的富营养化问题。因此近40年来，我国城市湖泊因为承载了更多的养分负荷，显示出高营养状态[3]，富营养化成为城市湖泊所面临的最严重的生态问题之一。对于城市湖泊及河流来讲，为城市提供水源是其基本的功能之一，但当其供不应求、超负荷运转时产生的水质污染、水源短缺等问题，必然会损害湖泊及河流自身生态系统的安全与健康，进而成为阻碍城市发展的因素。

2. 快速城市化

从全球的经验可以看到，城市化发展所带来的城市用地需求量必然激增，很多城市原有自然湖泊及河流被填埋改为道路等城市建设用地，由于靠近开放水体的城市住房价格不菲[4, 5]，引得开发商想尽办法在水边修建住宅，这也是城市水体空间被挤占、城市水环境质量下降的重要原因之一。国家统计局数据显示，2021年末，我国城市数量达到691个，比2012年末增加了34个；全国建制镇数量达到21322个，比2012年增加了1441个[6]。与世界其他发达国家类似，快速的城市化过程导致了中国很多城市水体都在快速缩小和消失、越来越多的水岸线被渠化、水体自然生态过程被阻断、自净能力降低。

3. 快速工业化

工业污水中有多种多样的污染物，其对人体的危害也各不相同。按污染物的性质大致可以分为4类：物理性污染物，无机污染物，有机污染物，植物性营养物质氮、磷和病原微生物。物理性污染物来自某些工业废水，如印染废水、选煤废水、农药废水等，它们具有独特的颜色与气味，从而引起人的感官不悦。水中的悬浮物可能堵塞鱼鳃，导致鱼的死亡。这些悬浮物又是各种污染物的载体，随水流迁移，可能影响人体健康。工业生产排出的废水，常含有酸、碱性污染物和各种无机盐。酸、碱性污染物使水体的pH值发生变化，而当pH值大于8.5或pH

1 城市化网，中国城镇化门户网站。
2 根据中华人民共和国国家统计局《中国统计年鉴》数据整理，http://www.stats.gov.cn/tjsj/ndsj/。
3 NASELLI-FLORES L. Urban Lakes：Ecosystems at Risk, Worthy of the Best Care [J]. The 12th World Lake Conference, 2008：1333-1337.
4 MAHAN B L, POLASKY S, ADAMS R M. Valuing Urban Wetlands：A Property Price Approach [J]. Land Economics, 2000, 76（1）：100-113.
5 LANSFORD N H, JONES L L. Marginal Price of Lake Recreation and Aesthetics：An Hedonic Approach [J]. Journal of Agricultural and Applied Economics, 1995, 27（1）：212-223.
6 根据中华人民共和国国家统计局《中国统计年鉴》数据整理，http://www.stats.gov.cn/tjsj/ndsj/。

值小于 6.5 时，会消灭或抑制微生物的生长，这对水生生物当然是有害的。无机盐能增加水的渗透压，对淡水生物及植物生长不利，同时会使水的硬度增加，从而使工业用水的处理费用增加。某些无机盐类如砷的化合物、氰化物、氟化物等，也是毒性较大的污染物。这些工业有毒废水、污水的不达标排放往往导致承纳其排放的城市水体（城市湖泊或城市河流）水质严重下降。尽管国家出台了各项政策法规严格控制工业有毒废水、污水的排放，很多厂家也不得不按国家规定购买或建设了末端处理设备，但是高昂的运行处理费用使得一些企业想方设法漏排、偷排，加之执法不严，不规范的排放方式成为城市各类水体水质污染问题长期得不到解决的主要原因。

4. 建设管理落后

18 世纪工业革命之后，人类自我意识不断膨胀，控制自然、改造自然的观念深入人心，人们一致认为工程技术是解决城市洪水灾害的唯一有效手段，因此裁弯取直、渠化河道成为改造城市水体所普遍施行的方法。这些工程不仅改变了湖泊及河流的运动规律及物质生产、循环过程，还加大了对生态系统的胁迫，破坏了生态系统的结构。加之为应对城市发展带来的人口激增压力，人们往往选择采取填、埋、盖等手段挤占城市中的水体空间，以获得更多的土地，由此破坏了原本属于人们的亲水空间，人水关系疏远甚至对立起来，很多貌似"以人为本"的理念和做法，其结果却往往与人们的初衷背道而驰。

城市湖泊及河流肩负着不同的生态及社会需求，相对于远离城市的湖泊及河流来说，城市湖河的情况更为复杂和多变。而中外城市建设管理者多出身于规划师、建筑师或景观设计师，他们较少具有生态学或相关学科的教育背景，因此往往在管理过程中仅将城市水体视作城市公园或者城市开敞空间的一部分，将其当作休闲娱乐资源进行建设和管理，而其生态功能非常容易被忽视（图 1-13），这也是城市水体面临如此严峻的环境问题的重要原因，而且是非常隐形的原因。

图 1-13　城市中的"钢筋混凝土丛林"直逼湖泊岸线

（三）我国的城市湖泊及河流保护政策及其效果

城市湖泊及河流不但对城市工农业生产及人民生活有着不可估量的保障作用，并且发挥着巨大的经济效益（图1-14）。20世纪70年代以来，国家及各级政府对城市水体的保护付出了巨大的努力，包括制定政策、实施管理和治理污染。

图1-14　人类与湖泊和谐共处

国家层面的政策包括：① 1979年9月13日，第五届全国人大常委会第十一次会议通过了我国第一部环境保护法《中华人民共和国环境保护法（试行）》，对湖泊、水库水质保护做了明确的规定，1989年12月26日第七届全国人大常委会第十一次会议通过并颁布的、于2014年4月24日第十二届全国人大常委会第八次会议修订、于2015年1月1日开始实施的《中华人民共和国环境保护法》；② 1983年9月，国家颁布了《地面水环境质量标准》，于1988年、1999年、2002年进行了修订；③ 1984年5月11日，第六届全国人大常委会第五次会议通过了《中华人民共和国水污染防治法》，于1996年、2017年（第十二届全国人大常委会第二十八次会议）两次修正，2008年进行了修订；④ 1989年7月国家颁布了《饮用水水源保护区污染防治管理规定》，于2010年12月22日进行了修正；⑤ 2002年8月29日第九届全国人大常委会第二十九次会议通过了《中华人民共和国水法》，分别于 2009 年、2016 年进行了修正；⑥国务院于 2015 年 4 月 16 日印发了《水污染防治行动计划》（简称"水十条"），该文件以改善水环境质量为核心，将水体的改善程度作为考核标准，是当前和今后一段时期内全国水污染防治工作的行动指南。

除了以上通用的法律法规，国家还出台了相应的技术及管理政策等以促进各地对法规的有效实施。如在 1986 年 11 月，当时的国务院环境保护领导小组发布了《关于防治水污染技术政策的规定》。

地方上也颁布了一些法规对城市水体进行保护。例如，有"百湖之市"雅称的武汉市，在 1999 年颁布了《武汉市保护城市自然山体湖泊办法》[1]，对山体和湖泊提出了相应的保护办法，并为武汉市湖泊划定不同级别的保护线；在 2002 年颁布了全国首个地方性城市湖泊保护条例《武汉市湖泊保护条例》[2]，并在实施后进行了多次修改：2010 年 9 月，武汉市第十二届人大常委会第二十七次会议通过修正，2015 年 1 月 9 日，武汉市第十三届人大常委会第二十六次会议通过，2015 年 4 月 1 日湖北省第十二届人大常委会第十四次会议批准。

尽管国家和各级政府加大了对城市湖泊及河流的保护力度，也在不同程度上引起了社会各界的关注，但是在社会发展和经济利益的驱动下，城市湖泊及河流的破坏现象未得到根本性遏制。人类为了自身生存和发展几乎是"逢水必坝""遇弯必裁"，大量出现的道路、桥梁、堤坝等城市基础设施以及房地产开发建设项目不断填埋水体、断流渠化，使得各地的城市湖泊及河流均有不同程度的破碎化与缩减消失，更为严重的是对城市水体的污染破坏行为屡禁不止。

二、GIS 技术在城市环境建设领域的应用

城市环境建设领域的各类规划设计工作是多学科综合的挑战，主要目的是对于人居环境所处的自然和人文资源做可持续的利用和管理，包括保护那些独特和稀有的资源特征，控制对有限资源的使用，缓解负面影响，管理景观变迁，并且将人类的发展放置到合适的区域之内[3、4]。此领域内的规划方法和技术因其目的和目标、时间和空间框架、数据的可获取性、政策支持、公众参与以及主要的驱动问题的不同而各异[5]。尽管该领域传统上以定性研究为主，但近几十年以来，越来越多的量化研究方法与技术参与其中，地理信息系统技术（GIS）是其中一个非常突出的代表（图 1-15）。

---

1 武汉市人民政府 . 武汉市保护城市自然山体湖泊办法 [Z] . 1999（12）.

2 2001 年 11 月 30 日，武汉市第十届人大常委会第 29 次会议通过了《武汉市湖泊保护条例》。

3 KIEMSTEDT H. Landscape Planning：Contents and Procedures [J] . The Federal Minister for Environment，Nature Protection and Nuclear Safety，Germany，1994.

4 AHERN J. Spatial Concepts，Planning Strategies and Future Scenarios：A Framework Method for Integrating Landscape Ecology and Landscape Planning [M] //Landscape Ecological Analysis. New York：Springer，1999：175-201.

5 SCHALLER J，MATTOS C. ArcGIS ModelBuilder Applications for Landscape Development Planning in the Region of Munich，Bavaria [J] . 2010.

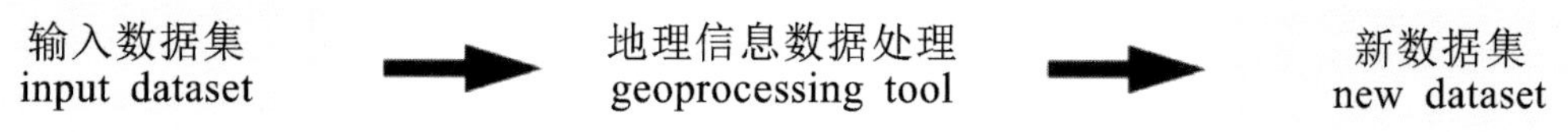

输入数据集
input dataset

→

地理信息数据处理
geoprocessing tool

→

新数据集
new dataset

图 1-15　地理信息数据处理的基本原理

（一）GIS 技术的发展

从全球角度来看，现代城市的发展规模已经达到了空前的程度——全球超过 58% 的人口生活在城市[1]，据预测分析，这一数字在 2030 年将增长至 70%[2]。越来越多的超大城市、城市群使得城市的功能体系也愈趋复杂，环境保护与城市建设体系的耦合已然成为全社会探讨的重要课题，如何合理地处理城市环境，决定着人类未来的生存状况。然而直到 20 世纪初期，世界上绝大多数城市的规划与设计者们并未对城市环境问题达成清晰的见解，这在很大程度上缘于当时的社会思想与技术手段的双重局限：早期的城市规划、设计领域无论是过程还是成果的表达都极大程度上依赖于手工制图与人工统计分析，而这些工作效率低与设计思维受局限的问题随着城市现代化、复杂化的迅猛发展而越发暴露无遗；同时，这些城市建设者、规划者、管理者的知识背景、逻辑框架也很少有生态学、可持续发展等理论的参与，他们模糊而理想化的城市宏图往往忽略了环境问题，从而违背了现代城市长期可持续发展的需求。

20 世纪 50 年代以后，全世界的政治、经济、哲学与科技开始了迅猛的发展，人们对城市的需求变得更加务实、民主、环保，传统的城市规划体系开始瓦解，一个更为成熟而现代化的规划体系开始承载着现代城市发展的需求，而计算机与卫星遥感技术则是这个转变的核心驱动力。传统的手工制图过程很快就被计算机 CAD 辅助制图与 RS 遥感信息影像所取代，人工测量与计算则由现代计算机应用数学统计方法所取代，而规划设计最终的设计成果则由手绘图像与表格转化为电子多维的位图、矢量图像与栅格图像。地理信息系统技术正是计算机技术与卫星遥感技术所结合的产物（图 1-16），目前已经被广泛地应用于城市设计与管理的每一个环节，在现今的城市规划、设计尤其是环境领域起着举足轻重的作用。

GIS 技术给予了城市的规划者与设计者可靠的决策支持，它能够通过结合硬件、软件、数据和人员等条件相协作，将地理空间信息数字化、可视化，并且通过对数据库和图像的观察使人们更准确、高效地找到城市环境的问题，分析趋势并从中得到最优的解决办法[3]。GIS 技术依靠自身强大的空间数据管理能力、方便友善的交互界面、出色的空间分析性能以及高度开源的开发空间在早期就已渗

1　2008 年，全球城市人口占总人口的比例超过 50%。

2　SO ODONGO. Urban Heat Island Investigation of Urban Heat Island Effect A Case Study of Nairobi[D]. Nairobi：The University of Nairobi，2016.

3　BATTY M，DENSHAM P. Decision Support，GIS and Urban Planning [J]. Modern Language Review，1996，6（1）：723-739.

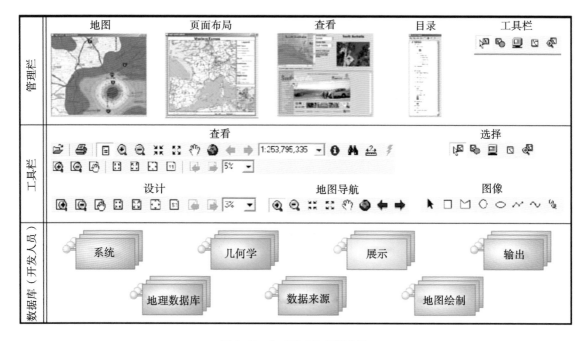

管理栏	地图	页面布局	查看	目录	工具栏

图 1-16 ArcGIS GIS 逻辑应用

透到了城市建设系统下的各个领域，其中环境领域的运用更是大势所趋。早在 1993 年，Goodchild[1] 和 Fedra[2] 就在各自的著作中对如何使用 GIS 技术处理环境问题提出了一系列可行的策略，包括数据的逻辑框架构建、网络模型、关系式、编程以及最终的地图可视化设计。2006 年，美国环境系统研究所（Environmental Systems Research Institute，ESRI）出版的 *GIS for the urban Environment*[3] 对 GIS 技术在城市环境领域的实际操作与实践应用进行了全面系统的描述。随着研究的展开，GIS 技术在城市环境领域的应用实践开始普及，包括环境指标的评估，城市能耗的分布，空气质量、土地质量、水系状态的检测，城市微气候的检测，城市交通状态，居民行为分析，基础设施、房屋、自然与人工景观的建设，城市生态系统模拟，城市污染状况分析，经济产业状况分析以及相关政策管理的实施情况在内的内容都可以通过 GIS 的信息数据库处理得到直接或间接的反映（图 1-17）。

（二）GIS 在环境领域的具体应用

GIS 本身提供的是一个将信息综合汇总、分析处理的平台，特别是其强大的地理信息空间分析功能及与地理相关或以地理方式描述表达的信息，强烈地影响着人们的决策行为，因此在城乡环境建设及管理中发挥着越来越重要的作用。

1 GOODCHILD M F. The State of GIS for Environmental Problem-Solving［J］. Environmental Modeling With GIS，1993：8-15.
2 FEDRA K. GIS and Environmental Modeling［J］. Environmental Modeling With GIS，1994：35-50.
3 MAANTAY J，ZIEGLER J，PICKLES J. GIS for the Urban Environment［J］. Journal of the American Planning Association，2006，74（2）：225-255.

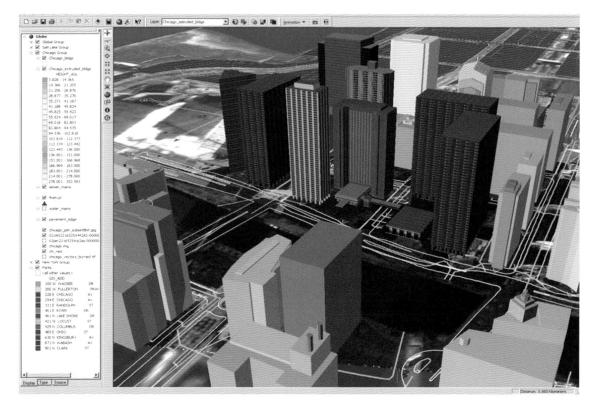

图 1-17　ArcGIS 3D CITYengine 立体成像

1. 辅助环境管理信息系统的运作

环境管理信息系统（Environmental management information system，EMIS）用于环境管理，主要功能是借助环境信息数据库对环境的质量和状态进行预测和控制，并为环境管理办法提供决策和支持[1、2、3]。美国国家环境保护局（U.S. Environmental Protection Agency，EPA）目前拥有种类繁多的环境信息管理数据库，涵盖了自然环境、人工环境以及人口状况等方面的内容，并且可以积极地与其他政府机构数据库协同工作，如计算机辅助突发事件操作管理系统、环境影响计算机系统、国家水数据交换系统、地下水联机等。随着信息种类的增多和统计分析难度的增大，这些环境信息的管理手段越来越高度依赖于先进的网络数据库技术。地理信息系统技术的发展与集成可以使得这些需求成为现实，并且使得 EMIS 得以面向大数据网络、跨平台协作，从而更加智能、精确。各个国家和各级政府机构，尤其是美国，花费了巨大的人力、物力和财力，不仅成立了相关信息机构，建立起了庞大的资源信息数据库，提供廉价的信息数据，而且还制定了相应的政策、标准、法令和法规[4]。目前国内部分城市也开始或已经建立了各自的 GIS 环境管理系统，管理者可以通过该系统对城市环境，尤其是各类污染源信息

1　王桥，魏斌 . 国家环境地理信息系统建设与发展研究［C］// 中国地理信息系统协会 1999 年年会 .1999.
2　傅国伟，程振华 . 水质管理信息系统的开发与设计［J］. 环境科学，1998（4）：4-12，98.
3　袁进春 . 环境管理信息系统的研究现状和发展趋势［J］. 环境科学，1987（5）：77-81.
4　宋力，王宏，余焕 . GIS 在国外环境及景观规划中的应用［J］. 中国园林，2002，18（6）：56-59.

进行搜索、存储、计算分析、申报以及共享。

2. 辅助环境自动监测系统的构建

建立环境自动监测系统是目前全球各地区节能减排的主要手段之一，通过环境地理信息数据的采集与交换网络体系的桥接，来对环境状态进行数据监测并完成分析。目前环境自动监测技术以在线监测和遥感监测为主，相比传统的人工场地监测，GIS 辅助的自动监测系统在保证数据精确的同时极大程度地节省了成本资源。GIS 技术还能够为环境自动监测系统搭建信息数据库平台（包括数据获取、数据处理、数据组织与存储、数据可视化、数据服务与共享等）。其中 GIS 提供的地图操作平台能够通过可视化窗口随意调整视图，直观地观察信息的分布并且提供图上信息编辑功能，对环境信息进行加工处理。GIS 还可以为自动监测系统提供图层信息、编码与表格信息的输出，以便于空间信息的叠加分析、查询以及与其他系统的合作使用。目前，国内在大气状态、水质状态以及城市噪声等方面的自动环境监测领域已经普及了 GIS 系统的使用，某种程度上可以说在源头上最大化地降低了各类环境污染事故的发生。

3. 辅助环境影响评价体系的指定

环境影响评估（environment impact assessment，EIA）是指用于对环境的相关政策、规划、实际项目或计划的正面或负面后果进行评价的系统，是城市可持续建设与开发活动过程中的一种重要手段 [1、2]。目前环境影响评价系统已经被广泛地运用到建筑全生命周期能耗评价、环境监测技术、污染物与污染源的跟踪监测、经济效益以及人体健康等领域。EIA 系统自身拥有成熟的算法系统以及逻辑体系，可以直接为 GIS 系统数据提供逻辑运算以及关系式的模拟，GIS 系统则可以为 EIA 提供复杂结构的信息数据管理平台以及数据可视化平台，方便多方的参与与协调。GIS 与 EIA 相互结合可以高效地指导城市建设项目的选址，保证城市环境格局的合理性，为环境保护策略以及项目设计手法提供量化模拟，从而使决策者做出最佳的选择。GIS 技术提供的网络服务端口还能够使得环境信息公开化、开源化，使民众、政府与项目承包方能够及时、清晰地查看环境影响报道，相互制约，促进城市环境的管理和监督。

4. 辅助环境的设计与规划体系

环境规划与环境设计的宗旨在于为城市空间环境的可持续发展提供合理的框架 [3]。环境的规划与设计常被视为建设项目与环境保护政策的一系列决策过程，其所有的分析均基于庞大的空间信息数据库，而这些数据的处理工作量都十分繁杂、庞大，所以往往由于计算与统计的不精准而使规划与设计项目无法达到预想的标准。GIS 在这些方面却具有极大的优越性，因为它能够处理种类庞杂繁多的数据和要素，将不同维度的数据集建立关系模型，并且添加属性值，形成一个统一通用的数据库。如此就使得在方案选择的过程中，规划者能够提取有效的信息，进行制图和可视化模拟、观察项目的演变趋势，同时对比分析不同方案之间的优劣，从而得到最优解决方案，这些精确的量化分析提高了得出方案的效率（图 1-18）。

1　CANTER L W. Environmental Impact Assessment［M］. New York：McGraw-Hill，1996.

2　GLASSON J，THERIVEL R，CHADWICK A. Introduction to Environmental Impact Assessment［J］. Water Resources Protection，2011，32（3）：197-198.

3　TIMOTHY B. Planning and Sustainability：The Elements of a New Paradigm［J］. Journal of Planning Literature，1995，9（4）：383-395.

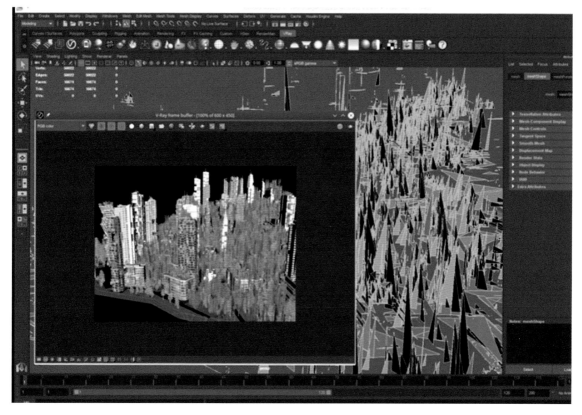

图 1-18　Houdini 结合 ArcGIS 3D CITYengine 立体成像

三、GIS 技术在景观规划设计中的应用

在有关城市环境建设领域的各设计学科中，景观规划设计越来越受到重视，因为它可以通过规划设计保护我们生存的生态环境，使其少受破坏，从而支持人类的可持续发展。在景观规划设计领域的 GIS 技术应用，可以回溯到 19 世纪的 Warren Manning 和 20 世纪的 Ian McHarg，他们在该领域较早地运用景观叠图作为生态土地利用规划的框架[1]。自那以后，GIS 技术就因其卓越的地理过程描述和模型建立能力，而作为辅助工具越来越多地参与到环境规划、工程设计中，特别是运用到景观规划设计之中，尤其是电子景观模型的建立和视觉转化方面[2]。GIS 技术还具有参与景观全规划周期各个阶段设计的能力，包括在设计中进行以库存为目的的数据采集（这点正是本书研究的重点之一）、科学地为设计目标定位、辅助分析方案和预期规

1　DANGERMOND J. GIS:Geography in Action[C]//Acm SigSpatial International Conference on Advances in Geographic Information Systems.ACM，2008.

2　ERVIN S M.Trends in Landscape Modeling［J］. Proceedings at Anhalt University of Applied Sciences，2003.

划实施的过程等[1、2、3、4]。总的来说，GIS 技术的运用有助于提高景观规划设计过程及其结果的科学有效性，从已有的信息数据系统获取面向使用或决策支撑系统的帮助信息[5]。

具体来讲，GIS 技术可以被运用于景观规划设计的以下阶段。

（一）数据采集

数据采集在所有的规划设计工作中都是必需的。可以利用田野调查，从现有的主体数据源获取数据，或者由已有数据库或监控系统（如遥感）转换而来[6]。例如，利用全球卫星定位系统（如 GPS、GLONASS 等）通过移动设备终端来采集信息是目前非常热门的研究方法。就像目前从中国传播到世界范围的"共享单车"，其海量的骑行数据可以用来分析非机动车交通的出行需求、交通网络的供需关系，还可以用来帮助形成交通运营策略，并且可视、可改、可参与，真实而有效（图 1-19、图 1-20）。

图 1-19　共享（电动）单车（伊斯坦布尔市，2023 年 10 月）

1　SCHWARZ-V H G，RAUMER A S.GeoDesign：Approximations of a Catchphrase［J］.Digital Landscape Architecture，2011：106-115.

2　ERVIN S. A System for GeoDesign［J］.Proceedings of Digital Landscape Architecture，2012：145-154.

3　STEINITZ C. Landscape Architecture into the 21st Century-Methods for Digital Techniques［J］.Digital Landscape Architecture，2010.

4　FLAXMAN M. Fundamentals of GeoDesign［J］.Digital Landscape Architecture，2010:28-41.

5　GONTIER M. Scale Issue in the Assessment of Ecological Impacts Using a GIS-based Habitat Model—A Case Study for the Stockholm Region［J］. Environmental Imapct Assessment Review，2007，27（5）：440-459.

6　PIETSCH M. GIS in Landscape Planning［J］.Landscape Planning，2012（6）：55-84.

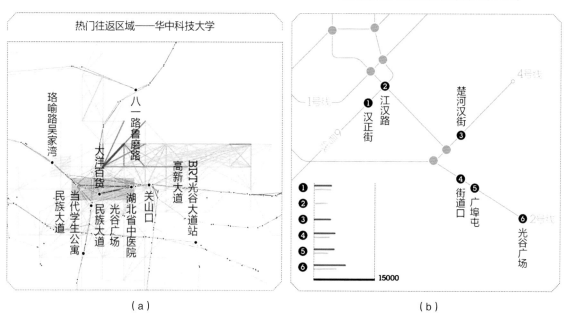

（a）　　　　　　　　　　　　　　　　（b）

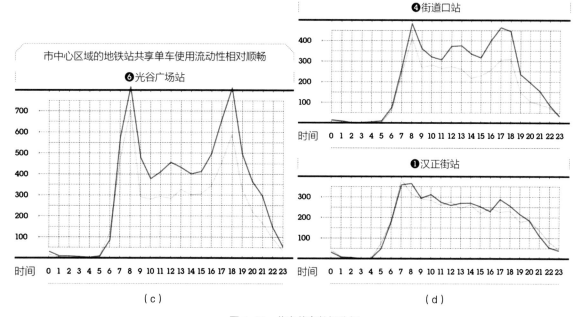

（c）　　　　　　　　　　　　　　　　（d）

图 1-20　共享单车数据分析

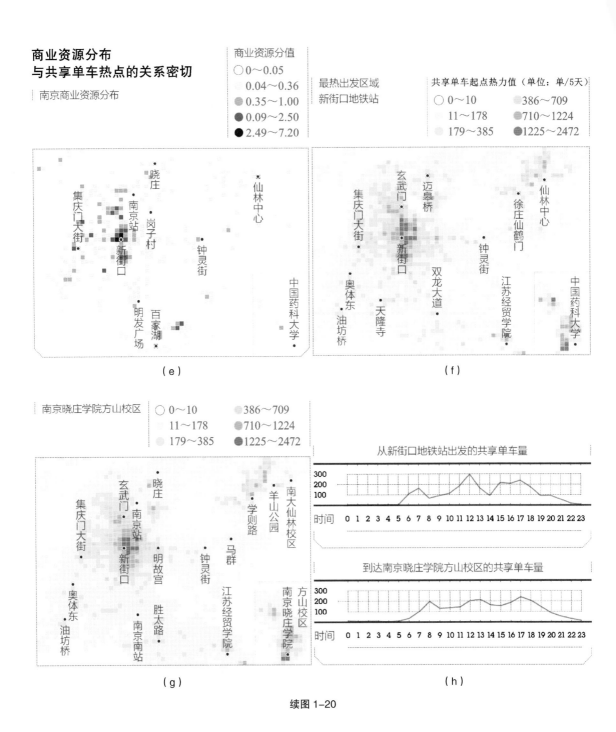

续图 1-20

（二）数据分析

在景观规划设计过程中，景观的功能（如调节作用、载体作用）、信息的交换（如空间规划与景观生态）等都需要共同发展，这就要求必须对其进行缜密的分析。

例如，在景观连接度的研究中，土地利用的改变和生态网络物质及功能的断裂代表了生物多样性驱动力的丧失。而根据逐渐上升的数据需求，我们可以将有关连接度的分析划分成三种不同的类型（结构连接度、潜在连接度和实际连接度[1]），并通过数据来量化景观连接度的分析，并佐以图示。图论（graph-theory）可以基于很少的数据进行运用，并且不像其他理论那样敏感地依赖于尺度变化。

GIS技术还可通过进行多指标评价（multi-criteria evaluation，MCE）来分析景观功能，或者用于保护生态和保护规划中的物种分布、栖息地或种群数量模型的建立等方面（图1-21）。

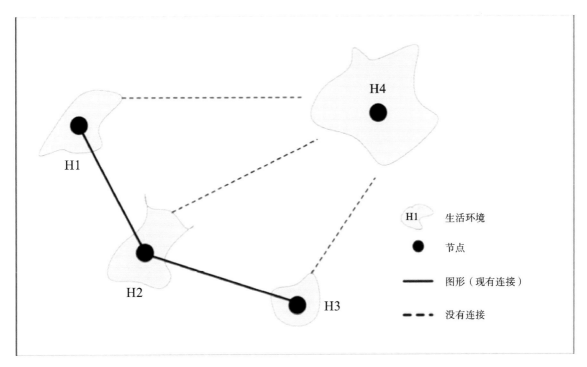

H1   生活环境

●   节点

——   图形（现有连接）

----   没有连接

图 1-21   节点和景观图形代表着景观中的栖息地和连接度

（三）参与

由于每个景观规划设计方案最终都是需要在城镇建设中被实现的，因此将景观规划设计从"专家们"的"纸面"规划转变为可操作的实际规划方案，其中很重要的一个环节就是公众参与部分。这个转变过程包含三个要素——信息、媒介和意义。在景观规划方案中，规划师们拥有计划（也就是信息），景观是媒介，而受众（公众、利益相关者等）则获得景观变化的印象（即规划设计的意义）。通常情况下这个交流的过程是由规划师或设计师发起的，而止于受众接受方案或改进设计成果。在传统的沟通过程中，往往出现设计师与受众的信息或表达不对称，相互难以理解，从而产生歧义或矛盾。现在由计算机生成的视觉化形象（如规划图、图片集、二

1   CALABRESE J M，FAGAN W. A Comparison-Shopper's Guide to Connectivity Metrics［J］. Front Ecol Environ，2004，2（19）：529-536.

维或三维的可视化方案、实时可视化方案等）在上述决策过程中具有巨大的优势[1、2、3]，因为它有助于以形象思维的方式帮助那些"非专家"——不具备专业知识的人们去理解规划设计理念。因为通过 GIS 技术可以视觉化地呈现空间信息数据，并将其与其他媒体相联合（如网络 GIS 技术等），增加景观规划设计过程中设计师与受众之间双向交互沟通的效率（图 1-22）。

图 1-22　德国慕尼黑土壤状态分析

（四）视觉呈现

GIS 技术在景观规划设计中还有一项非常重要的应用，那就是视觉呈现。由于所有景观规划的成果都需要在标准化的环境系统中呈现，以确保其可以被实施、更新和监测，因此通过将不同规划概念的图层分别表达并叠加在一起，最终创造一个综合方案，GIS 技术可以使它清晰可见、易于理解（图 1-23）。

1　LANGE E. Integration of Computerized Visual Simulation and Visual Assessment in Environmental Planning［J］. Landscape and Urban Planning，1994，30（1-2）：99-112.

2　AL-KODMANY K. Combining Artistry and Technology in Participatory Community Planning［J］. Berkeley Planning Journal，2016，13（1）.

3　WARREN-KRETZSCHMAR B，TIEDTKE S. What Role Does Visualization Play in Communication with Citizens?-A Field Study from the Interactive Landscape Plan［J］. Herbert Wichmann Verlag，2005：156-167.

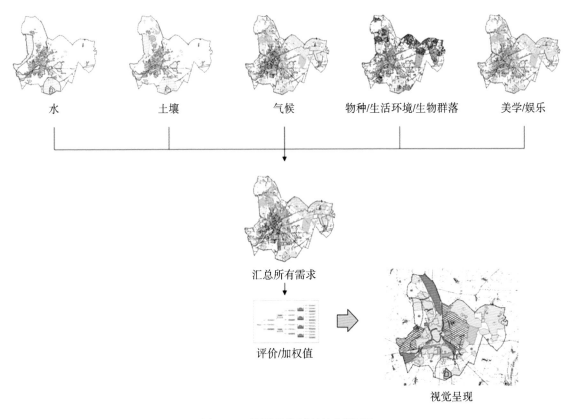

水　　　　　土壤　　　　　气候　　　物种/生活环境/生物群落　　　美学/娱乐

汇总所有需求

评价/加权值

视觉呈现

图1-23　基于不同概念的综合规划图

第二节　研究意义

人们对于没有洪水灾害威胁，能够安全放心生活的健康、美好家园始终保持着强烈的需求。城市湖泊及河流与人类的这一愿望关系密切，它不仅支撑着城市的生活需求、经济发展，还极大地影响着人类文明进步的历程。城市滨水空间是城市中独特的景观类型，而良好的景观亲水性的营造无疑有助于城市滨水空间整体质量的提升，并强化了城市及区域的可识别性。

滨水护岸作为典型的水陆交错带，其生态过程极其复杂，是众多陆生与水生动植物所喜爱的重要栖息地（habitat），对于沟通水体与陆地的生态斑块（ecological patches）至关重要。城市滨水护岸明显具有与郊野滨水护岸不同的功能及要求，如保障人民生命财产安全、满足市民游憩与亲水要求、柔化城市高度人工化的景观基质、提升城市整体风貌及品质等。因此，在当前特定的历史时期及城市环境现状下，探讨如何治理与建设城市湖泊与河流整体景观，满足人们的生存要求并促进城市生态系统的良性循环，对实现城市的可持续性发展、建设生态文明的和谐社会都具有积极和深远的意义。

一、解决现实问题的需要

随着可持续发展理念的日益普及，生态及环境问题也越来越引起了我国政府及学术界的高度重视，党的十八大明确提出"大力推进生态文明建设"。中国用 30 多年取得了西方近 200 年的经济发展成果，但同时伴随着环境问题的集中涌现，并且其严重程度比西方国家有过之无不及。

城市湖河水体硬质护岸的普遍存在严重影响了城市水环境质量的改善和整体生态景观质量的提高，同时给人与自然的和谐发展造成了非常严重的负面影响。在这种形势下，本书针对目前城市普遍存在的大面积水体硬质护岸、河道渠化等工程手段而引发的视觉生硬、景观单一、水系自净能力减弱、环境与生物多样性锐减、亲水困难等负面影响进行研究，深入探讨城市滨水护岸的生态建设理论和技术，力图在充分发挥水利工程的防洪、护岸、航运、水土保持等积极功能的同时改善水利工程所带来的环境消极影响，提高环境、生态效益，增加湖河景观的亲水性，营造可持续发展的城市滨水景观。

二、完善学科发展的需要

华中科技大学建筑与城市规划学院于 2009 年创办了工程景观学（Engineering Landscape）二级学科博士点，作为创新学科得到了国务院学位办的批准，其主要分支包含桥梁工程景观学、道路工程景观学、水利工程景观学。本书为水利工程景观学的基础研究之一，对充实与完善工程景观学的学科建设具有非常重要的意义：重点探索城市水体硬质护岸工程景观在社会、生态、技术、经济、美学等方面的不同功能要求，并加深对城市湖河生态健康的系统认知。本研究涉及风景园林学、植物生态学、生态水工学、水利工程学、工程景观学等多个学科，所得成果不仅将推进对水利工程景观学各相关要素的辨识，还会丰富水利工程景观学的基础理论，对构建可持续发展、健康的城市滨水景观具有重要的学科价值。

第三节　研究内容

本书的研究内容紧紧围绕城市湖河景观的亲水性。城市居民的生产、生活、休闲娱乐等多种行为的共同作用使得城市湖河景观不断发生变化（主动或被动的），而城市湖河水体又极大地影响着城市居民的生产、生活和休闲娱乐活动，从物质到精神都塑造了城市的特征，因此城市湖河水体景观的过去、现在和将来都与人类息息相关，值得深入研究。同时，中外学者对于城市湖河水体的研究还有待完善，特别缺乏从城市公共空间功能角度出发的研究。本书选取城市湖河水体景观的亲水性作为突破口，着重探讨"人"与"城市湖河水体景观"二者之间的相互作用关系，同时引入地理信息系统的概念和方法，研究如何对城市湖河水体景观亲水性相关的因子进行数据采集、整理和数据库构建，为景观规划设计方案的形成寻找有效的途径。

一、城市湖泊及河流景观的亲水性

人类有亲水的天性，我国自古便将水作为生命之源。例如，《管子·水地》篇中记载："水者，何也？万物之本源也。"我国古代圣贤也有云："知者乐水，仁者乐山""上善若水"。反映了人们对水这种物质除了生存的依赖，还寄托了深厚的情感。故"亲水"不单指"接近水""接触水"，还包含着一种心理上"亲近水"的渴望，这种心理诉求可以体现在"近水、敬水、赏水、玩水、爱水、护水、节水"等不同的形式上，因此城市湖泊及河流景观与人紧密相连，充分体现在"亲水性"这个重要的纽带上（图1-24）。城市湖泊及河流景观的"亲水性"既是对城市湖河自然环境以及相关人工建设情况的一项重要评价指标，同时也是人对于城市滨水环境空间使用需求的集中体现，因此对亲水性的研究是研究人与城市湖泊及河流景观相互作用的最重要途径之一。

图1-24　人类的亲水天性

本书研究城市湖泊及河流景观的亲水性，旨在帮助城市湖泊及河流水体景观工程有效地实现社会服务功能并改善其生态服务功能，让人们有机会在城市湖泊及河流景观环境中获得更好的亲水感受（图1-25、图1-26）。本书从景观环境和人的需求两个角度出发，研究影响城市湖泊及河流景观亲水性的各因素，并运用生态学、美学、环境心理学、地理信息学等相关知识和技术辅助分析，以提高城市湖泊及河流景观的环境质量与社会效益。

图 1-25　亲水活动（伊斯坦布尔市，2023 年）

图 1-26　亲水活动（英国水上伯顿，2009 年）

二、城市湖河水体护岸工程景观的生态优化

从工程学的角度分析，我们可以看到城市湖河水体护岸工程所面临的重要难题是渗流（渗漏）、滑坡、侵蚀和沉降。其中渗流和沉降都需要用纯水利工程的手段来应对，如在堤坝内部插入防渗墙，加宽、加高坝体，堤外加固带等（图 1-27）。

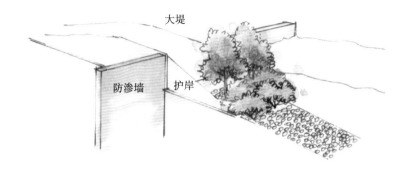

图 1-27 水利工程应对河流渗流和沉降的示意图

水利工程景观学研究的内容是对湖河水体堤岸的防护，即护岸工程及其与周边环境所构成的物质景观。本书立足于城市湖河水体护岸工程景观的营造，从工程安全、生态效益、环境效益、景观效益、美学效益、经济效益等多个方面探讨对各种常见城市湖河水体硬质护岸工程进行生态优化、提高亲水性的途径。

三、GIS 技术与城市滨水环境空间信息数据库建构

城市滨水环境是城市开放空间的重要组成部分，随着城市化的发展，人们对城市环境质量的要求越来越高，不仅仅停留在基本的生存需求上，而且希望有一个优美的城市公共环境以供城市生活使用。而城市湖泊及河流作为城市中重要的水体组成部分，其特殊的生态和社会服务功能越来越受到公众的重视。城市滨水景观规划设计的目的已经远远超出了满足视觉愉悦的传统追求，而是需要将生态、健康、环保、可持续发展等作为新的重点内容。这些新目标、新内容需要有新的技术支撑，萌发于 20 世纪五六十年代的 GIS 技术为景观规划设计行业翻开了新的篇章。

本书介绍了 GIS 技术的构成与发展，并将其在城市环境建设领域的应用情况做了较为详细的阐述。在此基础上将环境空间信息以及空间信息库的概念进行了较为深入的比对、分析，并将之与城市湖泊及河流景观亲水性所需要的各项要素所对应，从概念、特征、目标和意义上为建立城市湖泊及河流景观空间信息数据库做了充分的准备。

第二章　基础理论

　　城市湖泊及河流景观亲水性与空间信息数据库的研究是一项综合性较强的工作，它建立在一系列有关城市建设、湖河水体及环境治理、生态修复、数据采集与信息整理等相关的科学理论基础之上，它所涉及的基础理论包括景观学、水利工程学、生态学、环境美学、环境心理学、地理信息学等不同学科的若干分支领域，厘清这些相关学科的基础理论，对于良好的城市湖泊与河流景观亲水性和高质量的城市水环境的营造都具有重要的意义。

第一节　景观学

　　景观学最初是作为研究景观的地理学综合性分支学科出现的，其英文名称为"landscape science"。而本书所涉及的景观学（landscape architecture），是一门建立在广泛的自然科学和人文艺术学科基础上的应用学科，其核心是协调人与自然的关系。景观学通过对土地及一切人类户外空间的问题进行科学、理性的分析，找到问题的解决方案和解决途径，监理规划设计的实施，并对大地景观进行维护和管理。

　　《辞海》中把景观学定义为"综合自然地理学的分支，主要研究景观形态、结构，景观中地理过程的相互联系，阐明景观发展规律，人类对它的影响及其经济利用的可能性"。[1] 随着 20世纪 60 年代以来景观学的蓬勃发展，有关该专业的学科性质、社会功能及职业活动等的争议也越来越多。从传统园林到城市绿地系统，以至大地景观规划，当代景观学需要从价值观、方法论以及技术手段等多方面寻求突破[2]。景观学与建筑学、城市规划等工程艺术学科一样，是人类创造的源于自然的人工开发，其目的是为人类提供良好、舒适的空间环境。由此，衍生出一系列应用景观学的分支，如旅游景观学、公路景观学、工程景观学等。本书内容即从属于工程景观学中水利工程景观学的基础研究范畴。

一、工程景观学

　　20 世纪 80 年代以来，随着社会的迅猛发展，我国各类工程建设的规模日益扩大，工程建设活动与环境的矛盾也越来越突出。工程技术系统与景观环境的协调性是迫切需要解决的问题。工程景观学就是在这种强烈的社会、生产、环境等多方需求下产生的一门新的交叉学科。华中科技大学建筑与城市规划学院于 2009 年创办了工程景观学（engineering landscape architecture）二级学科博士点，在国内乃至世界上第一次正式提出关于工程景观学的概念，其主要学科领域目前包含桥梁工程景观学、道路工程景观学、水利工程景观学三大分支学科。

　　工程景观学的主要研究对象是"景观环境—工程技术系统"，研究景观环境系统与工程技

1　夏征农 . 辞海 [M]. 上海：上海辞书出版社，1999：3777.

2　王利 . 景观学学科发展现状及发展趋势［J］. 建筑设计管理，2006（3）：10-12，18.

术系统的协调性。工程景观学一方面研究各种人类的工程建设对景观环境造成的影响（包括积极性影响和消极性影响），另一方面研究如何减少、预防这些工程对景观环境及生态系统造成的消极性影响，以及合理的工程技术与工程管理措施，期望建立景观环境系统与工程技术系统的协调关系，达到可持续发展的最终目的。工程景观学注重吸收相关学科的知识、理论，其综合性表现一方面是景观环境与工程对象的融合，另一方面是相关的多学科知识系统的融合。在景观学的学科体系中，工程景观学与普通景观学是景观学的平行分支，它与管理学等社会学科结合，形成自然技术系统的景观保障，属于自然环境保护科学的组成部分。在工程景观学中，关于景观环境系统与工程技术系统关系的基本观点：用技术、知识武装的人类是能够作用于自然的，但是不应该与自然相冲突。如果适当地调整人类与自然的关系，景观环境系统与工程技术系统是能够相互协调的。

工程景观学研究的主要问题：分析在复杂的工程地质、水文、气候、地形地貌等环境条件下"景观环境—工程技术系统"产生积极或消极影响的过程；定量评价景观环境总的损失及局域性的损失；研究在"人类—景观体系""工业—环境体系"或"人类—技术—自然景观体系"中生态系统达到平衡的客观标准；在具体的"景观环境—工程技术系统"中获取景观信息的方法与技术手段；研究建设可持续的景观所需要的材料、技术、设备；研究自然保护以及被人类工程破坏的景观系统的恢复措施与方法；研究"景观环境—工程技术系统"的管理方法。

二、水利工程景观学

水利工程在工程系统中占有非常重要的地位，自古以来人类为了生存和发展不断地与环境抗争，从河流治理、防洪排涝到海水淡化、围海造田，水利工程不但为人类发展争取了大量的空间与资源，也极大地改变了大地景观的面貌。然而一直以来水利工程都是作为自然工程技术系统研究的对象，并没有作为人类景观被研究。尽管在 20 世纪 60 年代世界各国对景观学的研究就日渐兴起，并且与很多相关学科结合得到了发展，但是鲜有将水利工程系统作为景观对象加以研究的。2009 年，华中科技大学建筑与城市规划学院工程景观学专业博士点的建立，第一次将水利工程设施、系统及其相关环境纳入工程景观学研究范畴，其研究的目的是"以安全为基础，以生态为导向，通过水利工程学、景观学、生态学、环境美学的综合理论及方法，减少各类水利工程对环境的负面影响，塑造可持续发展的、健康优美的新型水利工程景观"。

第二节　水利工程学

水利工程学（hydraulic engineering）简称"水工学"，是以对水流的控制为目标建造水工建筑物，并经过设计计算来保证水工建筑物承载的安全性（强度、稳定、耐久性等），以满足人们对于供水、防洪、水力发电、航运等需求[1]的学科。水利工程学的工作对象包括地表水和地下水，而水利工程的范围则包括防洪工程、灌溉工程、排水工程、航运工程、水力发电工程、给水工程、工业用水及水污染防治工程等。水利工程学的理论基础有水文学、工程力学（水力学、

1　董哲仁.生态水工学的理论框架［J］.水力学报，2003，34（1）：1-6.

结构力学、岩土力学）。长久以来，水利工程在对经济和社会的发展发挥巨大推动作用的同时，也对生态环境产生了各种影响，甚至是持续而深远的影响[1]。护岸工程作为城市防洪工程的重要部分，其目的是消灭水患，保障人民生命财产的安全。因此，城市护岸工程景观的建设必须在符合水利工程要求的基础上，对护岸工程景观进行多方位的思考与协调，其中保障工程的安全性始终是首要的任务。

在努力建设生态文明和可持续发展的和谐社会的今天，水利工程学产生了一个新的分支——生态水利工程学（简称"生态水工学"，eco-hydraulic engineering）。它是在水利工程学的基础理论上吸收生态学原理，主要研究水利工程在满足人类社会需求的同时，如何兼顾水域生态系统的健康与可持续发展的需求的原理及技术方法的工程学[2]。生态水利工程学的理论基础是生态学和工程力学，这表明它既是一门交叉学科，也是一门应用工程学科。生态水利工程学所关注的对象不仅仅是湖泊及河流的水文特性和水力学特性，而且是具备生命特性的整个湖泊及河流生态系统。其研究的范围从湖泊及河流岸边的物理边界扩大到整个影响区域。对于城市护岸景观建设工程来讲，无论是新建还是改造、修复，生态水利工程学都可以提供减轻生态系统胁迫的技术方法及规划设计原则。

第三节　生态学

一、景观生态学

景观生态学（landscape ecology）是一门融合了生态学、地理学、城市规划学等多领域知识的综合性学科，主要研究景观类型的空间格局和生态过程的相互作用及其动态变化特征[3]。景观生态学是一门正在深入开拓和迅速发展的学科，不但欧洲和北美的景观生态学有显著不同，就是在北美景观生态学短暂的发展进程中也逐渐形成了不同的观点和论说[4]。景观生态学这一学科的建立使景观设计突破了单从土地的规划利用出发的这一思维局限，从而逐渐扩展到了资源开发、功能优化、生态结构和系统提升等多个方向，并且力求通过景观规划设计去调节人与自然之间的矛盾，追求人类活动、生态环境以及社会经济文化三者之间的共融和协同发展（图2-1）。景观生态学还是一门综合性的学科，具有跨学科以及多学科相结合的特征，它注重研究景观结构和功能、景观动态变化以及相互作用机理，研究景观的优化格局、优化结构、合理利用和保护措施等[5、6]。景观生态学的一个主要目标是认识空间格局与生态过程之间的关系，它强调景观的时空变化。

1　杜明格．生态水利工程学在苦溪河生态修复中的工程实践 [D]. 成都：四川大学，2006.

2　FALKENMARK M.Water Management and Ecosystems： Living with Change[C]//Global Water Partnership Technical Committee Background Papers.2003（9）：6-20.

3　王贞．灌木介入的城市河流硬质护岸工程景观研究［D］．武汉：华中科技大学，2013.

4　邬建国．景观生态学——概念与理论［J］．生态学杂志，2000，19（1）：42-52.

5　傅伯杰，陈利顶，马克明，等．景观生态学原理及应用［M］．2版．北京：科学出版社，2001：56，178-179.

6　肖笃宁，李秀珍．景观生态学的学科前沿与发展战略［J］．生态学报，2003，23（8）：1615-1621.

图 2-1　城市滨水景观

　　景观生态学是一门研究在一个相当大的区域内，由许多不同生态系统所组成的整体（景观）的空间结构、相互作用、协调功能及动态变化的生态学新分支学科。近年来，越来越多的各界人士认识到，应用景观生态学原理对城市湖河水体展开多尺度、多学科的综合研究是实现"自然—人类—水体"可持续发展的必然趋势，因为从景观生态学的角度出发，可以结合城市湖河水体的特点提出更为综合的城市水景观研究框架。针对城市湖河水体的研究尺度、格局分析、干扰程度等重要方面进行的分析论述，可以构建城市湖河水体的可持续发展预案。景观生态学为城市湖河水体景观提供了一种多尺度、多学科的综合研究场所，可以解决有关湖河水体景观的复杂的科学和社会问题，从而为实施城市水景的综合规划和管理提供科学支持。景观生态学的原理非常适用于分析城市湖河水体的结构和生态过程，因而有关城市湖河水体景观亲水性的研究也是景观生态学原理应用的重要领域。

　　景观生态学中的生态交错带（ecotone）理论为湖河水体生态护岸、亲水性景观的构建提供了新的视角[1]。相对于传统的城市湖河水体景观建设而言，它更加注重湖河水体景观的空间结构、连接度、宽度及较高的异质性和生物多样性，更多地考虑到生态交错带与邻近系统的相互作用

1　WANG Z. Application of the Ecotone Theory in Construction of Urban Eco-Waterfront［C］//2009 International Conference on Environmental Science and Information Application Technology. 2009：316-320.

和联系，为城市湖河水体景观的亲水性打下了坚实的物质基础。生态型城市湖河水体景观在水、陆生态系统之间架起了一道桥梁，对两者间的物流、能量流、生物流的产生和发展发挥着廊道、连接器和天然屏障的功能，在治理水土污染、控制水土流失、加固堤岸、增加动植物种类、提高生态系统生产力、调节微气候和美化城市环境等方面都有着巨大的作用。

二、工程生态学

工程生态学（engineering ecology）是生态系统可持续发展的理论基础，是人—社会经济—生态系统协调发展的理论基础，是一门新兴学科。随着人类社会的发展和科学技术的进步，人类对地球自然资源的利用和对地球自然环境的改造越来越强烈，并且影响的范围和幅度越来越大，在形成地球生态系统的大气圈、水圈、岩土圈、生物圈中，人为地建造了一个新的系统——"工程圈"，而这个非自然的系统对自然生态系统产生了非常巨大的影响。200 年以来，人类通过工程建设来体现的经济活动已经开始威胁到地球的生命安全以及物种的多样性，同时影响着人类本身的生命健康和生活质量。人类的工程系统不但破坏了全球生态系统的稳定，同时也破坏了全球社会和经济体系的稳定。日益显著的大陆水体、海洋、大气的污染及全球气候变化表明，如果不对人类的行为进行规范和控制，最终有可能导致人类和其他地球生命的毁灭。工程生态学就是在这个前提下建立的，是在全球范围内将人类社会、技术、经济的发展和自然保护结合起来研究的科学，它是在众多学科的基础上形成的新兴学科，但目前研究的仅是工程建设中生态安全保障的应用理论，其研究的核心是生态系统。因为其结构的多层次性和结构单元间的复杂相关性用严格的数学方法难以描述，所以工程生态学是一门非常复杂的学科。

在人类聚居的城市中，不恰当的治理工程已经使许多城市的湖泊萎缩、河流的河道越来越狭窄、河网越来越被分割，导致河床越来越高，湖河水体正常的自然过程被打乱，严重影响了湖泊及河流本身所具备的各种功能，加剧了洪涝灾害的危害程度。为了保障区域的生态安全和人民的身心健康，必须深入研究各类治理工程特别是湖泊及河流护岸工程在城市生态系统中的作用，为人—社会经济—生态系统的协调发展创造有利条件。

三、恢复生态学

自工业革命以来，机器化大生产带来了生产效率的呈几何级数递增。由于城市建设和工业发展的速度不断加快，人口的剧增使得自然资源的耗损速度大幅度提高，人与自然原本的和谐、平衡遭到了破坏，大量的森林遭到砍伐，淡水资源受到严重的污染，生态环境被严重破坏，地球上的自然生态系统日趋脆弱，一系列的环境问题日益凸显，在这样的背景下，恢复生态学（restoration ecology）这门学科就应运而生。

恢复生态学起源于 20 世纪 80 年代，这是一门研究生态恢复的生态学原理和过程的学科，它旨在帮助受损的生态系统进行生态恢复[1, 2]。现代生态学否定了早期研究中所认为的生态系统

---

1 岳隽，王仰麟，彭建.城市河流的景观生态学研究：概念框架［J］.生态学报，2005，25（6）：1422-1429.
2 NAVEH Z.景观与恢复生态学——跨学科的挑战［M］.李秀珍，冷文芳，解伏菊，等译.北京：高等教育出版社，2010.

是相对静止的稳定状态，认为生态系统是一个不断变化的过程，而恢复生态学则是通过各类技术手段（如修复、舒缓、更新、再植、重建等）寻找这一过程中各因素的最佳平衡点，并尽可能在相对较长的时间段内保持这一平衡点，因此，恢复生态学所追求的不是生态的简单还原，而是从自然条件与社会经济等多重现实条件出发，对生境、种群、群落等进行调节，通过人为设计的干预，启动或加强自然环境的自我修复机制，从而帮助生态系统获得自我发展和自我维持的能力（图2-2）。生态恢复的最终目的是恢复生态系统的健康、整体性和自我维持能力，并与更大的景观、生态环境融为一体，保护当地的物种多样性，维持或提高经济发展的可持续性，通过多种途径为人类和其他生命提供产品和服务[1]。

图2-2　湿地生态恢复（南非开普敦，2012年）

　　城市湖泊及河流地处人口密集且人工构筑物集中、建设强度较高的城市区域，受到人类活动的影响较大，无论是湖泊及河流水体还是水岸边坡都受到了较严重的干扰，并且正如上文所指出的，部分干扰的程度已经远超出了湖河水体本身的承受范围。事实证明这些干扰会通过环境反作用于人类本身，对城市的可持续发展产生极为负面的影响，并给人的亲水性心理的满足

1　常磊，朱清科，薛智德 . 对恢复生态学几个问题的探讨［J］. 西北林学院学报，2008，23（1）：44-49.

或者是亲水性活动的进行都带来不同程度的阻碍。例如，夏季来临，有些城市湖泊水体黑臭，水面漂浮着蓝藻，甚至大量翻塘的死鱼使得人们不再能够也不再愿意亲近它。恢复生态学的人为设计理论认为，通过工程方法和植物重建可以直接恢复湖河水体退化的生态系统，借此达到恢复水陆生态系统的完整性和自然性的目的。因此在对城市湖泊及河流景观亲水性的研究中，需要将恢复生态学理论运用于景观亲水环境建设之中，配合相应的景观设计策略，共同对城市生态系统进行修复，建设水清景美、便于亲近的城市湖河水体景观。

四、城市生态学

现代城市生态学（urban ecology）通常以人类聚居生活的城市作为研究对象（图2-3），研究人与城市环境之间的相互作用关系，并且将生态学的理论应用到城市的规划和建设实践之中，通过有机地调节和有效地控制城市发展的机理，合理地协调人与生存环境二者之间的相互关系，从而优化城市结构和功能、提升资源利用效率，进而使城市走上可持续发展的道路。

图2-3　高度发展的城市（上海，2017年）

城市生态学强调从整体出发多方位地协同发展，追求城市、人口与环境的多方共同发展。它倾向于将城市运行比作完整的生命，与自然生态系统类似，同样包含了生产、流动、交换、传递等功能。同时，在城市生态学的研究中还将生态学中的"生态位"（ecological niche）概念用到对城市发展机理的研究之中，将城市"生态位"定义为一个城市提供给人们的、可被人们利用的各种生态因子（如水、食物、土地、交通等）和生态关系（如生产力水平、环境容量、生活质量等）的总和。

本书一方面希望通过对湖河生态位进行分析来明确湖河水体与整个城市发展之间的必然关联性；另一方面则希望运用"生态位"概念来解析湖河水体景观与其相关的各自然因子、人文因子之间的关系，通过厘清其竞争、演替与促进机制，尝试了解湖河水体各因子与人和城市之间的互动关系，从而帮助总结各因子及其之间的组合关系与信息传递方式，并以此为基础对湖河水体景观亲水性因子的作用以及其叠加关系进行深入的探讨。

第四节　环境美学

新时期出现的生态美学、环境美学等美学分支尽管名称各异，但总体上都包含着生态维度的美学研究，它们相互之间是互补与共生的关系，共同组成了当代美学领域的生态研究方向。这些富有生命力的新理论为很多相关领域的研究提供了可贵的理论支撑。对于本书所关注的城市湖泊及河流景观亲水性来讲，正确的美学理论的支撑往往会对人们的审美取向产生深远的影响，同时也对工程景观的设计实践具有指导性的现实意义。

环境美学（environmental aesthetics）是现代美学研究的一个重要分支，它旨在利用跨学科思维研究人对环境的审美态度。当代西方美学界大力提倡环境美学。从美学的自然生态维度来看，环境美学属于自然生态审美的范畴，是对"美学是艺术哲学"传统观念的突破。但从学术研究的角度来看，环境美学的文化立场是面对当代严重的生态破坏，强调需要对生态环境加以保护的立场。芬兰环境美学家约·瑟帕玛明确地将"生态原则"作为环境美学的重要原则之一。环境美学还具有极强的实践性，它以景观美学与宜居环境为核心内涵，涉及城乡人居与工作环境建设的大量问题，带有较强的专业性、可操作性、指导性[1]。这门学科突破了传统美学的研究桎梏，将长久以来艺术与自然的割裂状态进行了融合，提倡人对于环境之美的欣赏应该不同于常规艺术品鉴赏，不能只停留在远离其环境本体的观赏阶段，而是需要人进入环境中进行感知。这一点恰恰是本书研究的主题——城市湖泊及河流景观亲水性的重要美学依据（图2-4），因此对于本书来说，环境美学是不可或缺的哲学基础。

而环境美学并不完全是"舶来品"，我国古代美学中大量的、朴素的环境审美观也为当代环境美学提供了研究资料与创作源泉。中国古代哲学是"生"的哲学，是在生命的意义上讲述人与自然的和谐关系，无论儒家、道家还是佛家，"生"是核心问题，"和"是精髓，表述了非常深刻的生态伦理思想。例如，儒家"天人合一"思想主张人与自然和谐；道家"道法自然"思想是"天人一体"的哲学，主张"道生万物，尊道贵德"，认为人、生命和万物是平等的；

1　曾繁仁. 论生态美学与环境美学的关系［J］. 探索与争鸣，2008（9）：61-63.

图 2-4　湖泊之美（英国温德米尔湖，2009 年）

而佛家"依正不二"的哲学理念里"依"指环境和国土，"正"指生命主体，"不二"是说主体与环境是不可分割的整体。即使在 21 世纪的今天，这些理念都是极其先进的，值得我们深入研究与继承。

20 世纪 70 年代以后，西方出现的以深层生态学为代表的"新文化"运动，影响了很多环境研究者和美学家。艾米莉·布雷迪就曾指出人类在对环境进行改造时，其审美价值的获得往往是以生态和自然环境受损害为代价的，这样一来，美学的目的往往和我们的道德责任相冲突，如何在达到人与自然和谐的同时，创造审美与道德的共存，就成为我们进行实践时所面临的难题之一[1]。因此，我们应调整大众的审美取向，以符合环境、生态伦理要求为美，这样的美学理论不仅可以从理论上进行指导，还可以直接影响到工程设计的实践。

随着环境美学研究的深入发展，研究者逐渐意识到人类融入环境的绝不应该是占领式的、入侵式的，而应当是一种人与环境的和谐共处。因此人们对环境的审美需求也开始发生变化——生态性逐渐成为最为重要的标准，在此基础上，环境美学衍生出了一门新的分支学科——生态

1　陈望衡 . 环境美学的兴起［J］. 郑州大学学报（哲学社会科学版），2007，40（3）：80-83.

美学（ecological aesthetics）。在生态美学的研究中，人们提倡所有的环境设计都应当贯穿生态设计的理念。生态美学与环境美学尽管名称各异，但总体上是包含着生态维度的美学研究，它们之间是互补与共生的关系，共同组成了当代美学领域的生态研究方向。建设适宜于人类居住、生活、工作的优美环境始终是城市景观建设追求的目标。环境美学不仅体现人与自然和谐统一的理念，而且可以通过对环境美和环境审美心理的研究，深入探讨各类景观建设中美的规律，以便对景观设计及建设、管理进行具体的指导。因此，人们对环境之美的评断不能再局限于艺术性和创造性上，而是应该更多地赋予其相关科学的多角度诉求，如来自生态学、心理学、伦理学、规划学、工程学等学科的诉求。这种多方位诉求的特性决定了对于环境美的营造不能只是关注视觉上美的享受，而要充分调动一切可利用的要素，包括自然环境、人文历史、声、光、影等，共同塑造能让人置身其中感到身心愉悦的环境。

无论是西方倡导的生态美学还是我国学者认同的环境美学，这些富有生命力的新理论为很多相关领域的研究提供了可贵的理论支撑。对于本书所关注的城市湖泊及河流景观亲水性研究来讲，正确的美学理论的支撑往往会对人们的审美取向产生深远的影响，因此也对湖泊及河流景观设计实践具有指导性的意义。

第五节　环境心理学

环境（environment）指作用于一个生物体或生态群落上，并最终决定其形态和生存的物理、化学和生物等因素的综合体。而环境心理学（environmental psychology）是一门研究社会实质环境与人类行为及经验之间交互关系的学科。它关注人居环境的特点，以整体观点研究人们在日常生活环境中的行为与经验，将人类与环境视为不可分割、相互定义的整体。环境心理学强调人类主动处理与塑造环境的能力，而非被动地接受环境的刺激，并且不将行为与经验孤立起来，取而代之的是考虑行为发生的脉络，力求将环境和人类的心理结合起来做深入的研究，让环境符合其所要达到的心理反应需求（图2-5）。

自20世纪50年代后期，较为系统的环境心理学研究开始发端，并以场地理论、知觉心理学为基础成长与发展起来。20世纪六七十年代，环境心理学有了长足的成长，不但在教育领域有了新的发展（纽约市立大学有了环境心理学博士班），而且"环境研究设计学会（Environmental Design Research Association）"也于1968年成立，并且每年召开一次会议，成为世界上成立最早也是最大的从事环境行为研究与应用的组织。20世纪60年代以前，人们相信自然资源是取之不尽、用之不竭的。1962年蕾切尔·卡逊（Rachel Carson）的《寂静的春天》在社会大众、决策者与学术界引起了极大的震撼，营造环境的问题也引发了广泛关注。经济的增长使得城市急剧膨胀，开放空间萎缩或消失，城市环境失去原有的意义与特色，人的个性与美感表达受到压制。消费者开始要求物质环境的品质受到保障，关心生存环境成为普遍共识，因此环境设计与行为科学的研究相结合成为必然之势。环境行为心理学涉及的主体是人在具体环境中的行为反应，以及某种特定环境对人的长期影响，从而对人的行为习惯产生某种集群的、特定的固化，通过对环境心理的研究可以提升设计中的人文基础。

图2-5　人类的亲水心理特征

　　将环境行为心理学与城市湖河水体景观亲水性研究相结合，可以对不同人群在不同时期对城市湖河水体景观的使用与感受进行分析和总结，评价是否达到设计预期的效果，还可以提供参考标准来辅助设计，对城市湖河水体景观的亲水性效果进行增强。

第六节　地理信息学

　　地理信息学（geoinformatics）是一个现代的术语，代表了用各种现代化方法采集、量测、分析、存储、管理、显示、传播和应用与地理和空间分布有关的数据的，综合和集成的信息科学、技术和产业实体，是当前测绘学、摄影测量与遥感、地图学、地理信息系统、计算机图像图形学、卫星定位技术、专家系统技术与现代通信技术等的有机结合[1]。

　　传统的地理学是一门研究地球表层上整体及各个事物空间分布规律的科学，它的根本任务是认识地球并合理地开发利用自然资源，保护与改善生存环境，协调人与自然的关系，为经济

1　李德仁. 论地理信息学的形成及其在跨世纪中的发展［J］. 世界科技研究与发展，1996（5）：1-8.

和社会发展服务[1]。地理学的发展经历了3个阶段，即从公元前起到19世纪上半叶的古代地理学，从19世纪下半叶到20世纪上半叶的近代地理学，20世纪50年代以来的现代地理学。

现代地理学的研究对象和内容从传统的对"地球表面空间地理事件的描述"至"探讨地球表面地理现象的空间分布及其地域组合"，进而发展到对"地理系统"的研究。由于地理系统研究的是人类赖以生存与生活和影响所及的整个自然环境和社会经济环境，因此传统的研究方法已经难以胜任现代地理系统研究的重任。20世纪40年代，第一台电子计算机的推出，标志着人类进入了信息化时代。信息革命把物质、能量和信息紧密地结合在一起，并体现在计算机科学技术日新月异的变化上，成为地理信息学的前奏。20世纪60年代兴起了一种将数学方法和计算机技术应用于地理学的新兴学科——计量地理学，其特征是在地理学研究中，以定量的精确判断来补充定性描述的不足；以抽象的但能反映本质的数学模型来反映具体的、复杂的各种地理现象；以地理过程的模拟和预测来代替对现状的分析与说明；以合理的趋势推导与类推法代替简单的因果关系分析，并以最新的技术手段革新传统的地理学研究方法[2]。计量地理学反映了地理学向定量化发展的历史进程[3]，成为地理信息学的开端。虽然计量地理学的研究方法比传统地理学的研究方法有了较大的进步，但纯粹的模型很难清楚地表达复杂的地理事物，并且其处理的地理信息非常有限。20世纪70年代以来，以"耗散结构"与"自组织理论"的兴起、"协同学"和"突变论"的发展为契机，在现代地理学领域兴起了事、时、空三维的多元分析。但是地理学的科学综合从理论到方法都还没有解决，因此需要现代地理学向新的阶段——地理信息学发展。

地理信息学的支撑科学技术有地理信息系统（geographic information system，GIS）、遥感（remote sensing，RS）技术和非线性科学（nonlinear science，NS）。其中地理信息系统和遥感技术是与本书研究相关的环境规划设计学科应用最多的地理信息技术，可以在计算机软硬件的支持下对人居环境中有关地理、资源、环境的数据进行采集、储存、管理、运算、分析、显示和描述，是研究城乡环境时空特征的有效手段。GIS和RS技术有助于研究城市湖河水体景观的地表物理特征及其与环境之间的相互关系，建立亲水性因子数据库更有助于研究城市湖河水体景观亲水性与物质环境要素及社会人文要素之间的关系，为这些景观亲水性的营造提供科学有效的数据支撑。

1 王铮，丁金宏，等. 理论地理学概论［M］. 北京：科学出版社，1994：1-8.
2 苏迎春，周廷刚. 信息地理学的形成与发展［J］. 安徽农业科学，2008，36（34）：15269-15271.
3 张超，杨秉赓. 计量地理学基础［M］. 2版. 北京：高等教育出版社，1991：1-12.

第三章 概念解析及国内外相关研究

第一节 概念解析

一、城市湖泊与河流

（一）湖泊

湖泊（lake）为"四周陆地所围之洼地，与海洋不发生直接联系的水体"。可以理解为由两个要素构成：一是封闭或半封闭的陆上洼地，二是洼地中蓄积的水体。湖泊是一个自然综合体，是由湖盆、湖水、水体中所含物质——矿物质、溶解质、有机质及水生生物等所共同组成的自然综合统一体[1]（图3-1）。

图3-1 泸沽湖（2018年）

1 王苏民，窦鸿身.中国湖泊志［M］.北京：科学出版社，1998.

湖泊按照成因可分为以下几类。

1. 构造湖

构造湖是在地壳内力作用下形成的构造盆地上经储水而形成的湖泊。其特点是湖形狭长、水深而清澈，如云南高原上的滇池、洱海和抚仙湖、青海湖、新疆喀纳斯湖等。构造湖一般具有十分鲜明的形态特征，即湖岸陡峭且沿构造线发育，湖水一般都很深。同时，还经常出现一串依构造线排列的构造湖群。

2. 火山口湖

火山口湖是火山喷火口休眠以后积水而成，湖面形状是圆形或椭圆形，湖岸陡峭，湖水深不可测。我国著名的火山口湖有长白山天池，最深处达 373 m，为我国第一深水湖泊。

3. 堰塞湖

由火山喷出的岩浆、地震引起的山崩和冰川与泥石流引起的滑坡体等壅塞河床，截断水流出口，其上部河段积水成湖，如五大连池、镜泊湖等。

4. 岩溶湖

由碳酸盐类地层经流水的长期溶蚀而形成的岩溶洼地、岩溶漏斗或落水洞等被堵塞，经汇水而形成的湖泊，如贵州省威宁县的草海。

5. 冰川湖

由冰川挖蚀形成的坑洼和冰碛物堵塞冰川槽谷积水而成的湖泊。如新疆阜康天池、北美五大湖等，芬兰、瑞典的许多湖泊都属于此类湖泊。

6. 风成湖

沙漠中低于潜水面的丘间洼地经其四周沙丘渗流汇集而成的湖泊，最著名的例子是我国甘肃省敦煌附近的月牙泉。

7. 河成湖

由于河流摆动和改道而形成的湖泊。它又可分为三类：一是由于河流摆动，其天然堤堵塞支流而潴水成湖，如鄱阳湖、洞庭湖、江汉湖群（云梦泽一带）、太湖等；二是由于河流本身被外来泥沙壅塞，水流宣泄不畅，潴水成湖，如苏鲁边境的南四湖等；三是河流截弯取直后废弃的河段形成牛轭湖，如内蒙古的乌梁素海。

8. 海成湖

由于泥沙沉积使得部分海湾与海洋分割而形成的湖泊，通常称作潟湖，如杭州西湖、宁波的东钱湖等。

从定义中我们不难发现，湖泊的构成有两个重要特点：其一是陆地上封闭或者半封闭的洼地；其二是洼地中必须要有一定的积蓄水体。而在湖泊这个自然综合体中，除了一般肉眼可见的下洼湖盆和积蓄水体之外，还有水体中所含的各类物质，如矿物质、溶解质、有机质以及水生生物等，这些物质共同构成了一个有机整体，形成了完整的湖泊。湖泊水体流动缓慢、更替周期较长是其区别于其他水体类型最为显著的特征之一，因此湖泊内水的动力学、生物学、生态学演变过程与其他流速快、更迭周期较短的水体相比（如江河、溪流等），都有着较大的差别。尽管湖泊中的水体参与整个陆地的水循环过程，但它几乎不与海洋发生直接交换，而且由于湖泊水体长期处在封闭或半封闭的洼地中，并且更新周期相对较长，所以周边的自然条件、生态环境和社会经济发展等因素对其影响尤为显著，这也造就了湖泊独特的个体性和区域性，形成了每一个湖泊有其特有的湖泊环境这一特殊情况。正因如此，对每一个湖泊进行环境特性分析，有针对性地进行数据采集和建库，无论是对于环境的保护，还是开发建设都具有较强的现实意义。

（二）河流

与湖泊和海洋不同，河流（river，stream）是指"沿着地表或地下长条状槽形洼地流动的水流"，通常由一定区域内地表水和地下水补给，是一种经常或间歇性的水流。河流一般是以高山为源头，然后沿地势由高处向低处流淌，一直流入湖泊或海洋作为终点。河流是地球上水文循环的重要路径，也是泥沙、盐类和化学元素等进入湖泊、海洋的重要通道[1]。在我国，自古以来对于河流的称谓很多，较大的称为江、河、川、水，较小的称为溪、涧、沟、曲等。

（三）城市湖泊

在城市发展的初级阶段，人类在生活居住选址时，通常会选择在水资源丰富的地区，因为当时的人类几乎需要完全依靠自然的环境和物质来满足自身的生产生活需求，而水是人类生存必不可少的条件。随着生产力的发展和人口的增长，城市的范围越来越大，湖泊开始慢慢地被纳入城市的区域内，成为城中湖，也就是城市湖泊（urban lakes）。简而言之，城市湖泊就是位于城市用地范围内、由洼地积水形成的、水面比较宽阔、换流缓慢的水体[2]。

上文介绍了依据成因而划分的湖泊类型，其实还有其他很多种对湖泊分类的方法，如从湖沼学角度，学者们就可以依据地貌而将湖泊类型划分为 76 种之多[3]。而本书研究的城市湖泊则因其与人类活动关系的紧密程度，被从湖泊这个大类中独立出来，其既包括自然形成的湖泊，也包括人工开凿的湖泊（或水库），如北京大学的未名湖。而且共同的特征就是其地理位置都与人类聚集的城市紧密相连。除此之外，美国学者 Tom Schueler 和 Jon Simpson 还对城市湖泊提出了 6 条标准，以区别于其他类型的湖泊，如他们认为城市湖泊的面积相对较小（在 25.9 km^2 之内），且水深较浅（少于 6.1 m），并且强调了城市湖泊必须具备各种城市服务功能，如休闲、供水、防洪等[4]。本书是从城市环境建设角度出发研究城市湖泊的，因此有着不同的分类标准和结果。

    1. 根据湖泊功能的不同划分

    （1）汇水蓄洪式城市湖泊：如洪湖、巢湖、洞庭湖、鄱阳湖等。

    （2）区域水源式城市湖泊：江西仙女湖、赤湖等。

    （3）休闲游娱式城市湖泊：西湖、东湖等。

1　根据百度百科有关河流的总结综合得出，http：//baike.baidu.com/view/20512.htm。

2　刘安棋，钱云．城市湖泊对中国城市周边地区发展影响研究——以苏州、南京、杭州三个典型为例［A］//IFLA 亚太区，中国风景园林学会，上海市绿化和市容管理局．2012 国际风景园林师联合会（IFLA）亚太区会议暨中国风景园林学会 2012 年会论文集：上册．2012.

3　HUTCHINSON G. A Treatise on Limnology：Geography，Physics and Chemistry［M］．New York：John Wiley and Sons，1957.

4　SCHUELER T，SIMPSON J. Why Urban Lakes are Different［J］．Ratio，Urban Lake Management，2001：747-750.

（4）生态栖息地式城市湖泊：东湖、鄱阳湖、洞庭湖等。

2.根据湖泊与城市的空间关系划分

（1）湖在城中：湖泊被包围在城市辖区之内，如杭州西湖、南京玄武湖、济南大明湖、苏州金鸡湖等。

（2）湖在城边：湖泊位于城市的边缘，如嘉兴南湖、扬州瘦西湖、武汉东湖、昆明滇池等。

（3）城在湖边：湖泊的面积较大，超出了城市的区域范围（图3-2），如太湖、洞庭湖、鄱阳湖等大型湖泊与无锡、岳阳、南昌等沿岸城市的关系，再如欧洲日内瓦湖、北美洲五大湖与沿岸城市的关系等[1]。

图3-2　意大利科莫湖沿湖的城镇（2016年）

以上所有类型的城市湖泊无论以何种标准划分，都具有一定的共同特点，如它们都地处城市之中，周围建筑分布较密集、人口密度相对较大。因此城市湖泊与城市的环境以及人类的行为活动息息相关，它对城市的生态环境建设、城市经济发展及城市文脉传承都具有重要

1　郑华敏.论城市湖泊对城市的作用［J］.南平师专学报，2007，26（2）：132-135.

作用，在某种程度上说，城市湖泊景观对城市风貌有着决定性的影响。大多数的城市湖泊面积相对于非城市湖泊来说较小，且水体深度较浅，湖底地势比较平坦，这就使得城市湖泊的生态系统尤为敏感脆弱，易于受城市环境和人类行为活动的影响。工业污水与生活污水的共同排放，导致湖底的淤积、水体富营养化严重，城市湖泊中点污染与面污染共存，这对于城市环境和人类生存安全都有较大的潜在威胁。因此，如何对本就脆弱的湖泊环境进行保护与修复，更好地平衡城市建设、居民生产生活以及湖泊环境三者之间的关系成为亟待解决的问题。

（四）城市河流

所谓"城市河流"（urban river）指的是流经城市区域的河流或河段，也包括一些历史上虽属人工开挖、但经多年演化已具有自然河流特点的运河、渠系等[1]。在城市的形成和发展史上，河流作为重要的资源和环境载体，它关系到城市生存、制约着城市的发展[2]，是影响城市风貌和可持续发展的重要因素之一。本研究所涉及的城市河流是指流经城镇人口密集区并具有一定规模的河流，而那些山间或者乡村的小型溪流、溪涧并不在本研究的范畴之内。

城市河流由于其独特的区位特征，具有以下特点。

（1）独特的水力特性。如城市普遍建于河流的较狭窄处，故水流较为湍急，水位的季节性变化较大。

（2）多样的社会功能。除了具有汛期排洪、排涝等安全功能外，城市河流两岸平时又是人们休憩玩耍的重要场所，因此城市河流具有很强的休闲娱乐、环境教育功能。

（3）重要的生态功能。城市河流作为城市景观生态系统中的重要廊道，还具有生态功能，为城市这个巨大的"人工体"保持健康、舒适的生态环境提供重要的支撑。

（五）城市湖泊及河流的功能

作为与人类生产生活息息相关的水体类型，城市湖泊及河流很明显地具有两大方面的功能：一是生态功能，二是社会功能。

1. 生态功能

城市是以人工构筑物为主的人类集聚区，并且城市的这种人工痕迹越来越明显，已经成为城市的主体特征。而按照景观生态学理论，我们可以将城市湖泊及河流看作是城市这个基底中珍贵的自然生态斑块，尽管《湿地公约》[3]中将湖泊的面积定义为 $8~km^2$ 以上，但其实城市湖泊无论大小，均是城市所属陆地生态系统之中的湿地生态系统的重要组成，均具有独特的生态和景观价值（图3-3）。

1）维护城市的生物多样性

通常来说，由于密集的人类活动的干扰，城市的生物多样性越来越匮乏。但由于城市湖泊

1　宋庆辉，杨志峰.对我国城市河流综合管理的思考［J］.水科学进展，2002，13（3）：377-382.

2　朱国平，王秀茹，王敏，等.城市河流的近自然综合治理研究进展［J］.中国水土保持科学，2006，4（1）：92-97.

3　1971年2月2日，来自18个国家的代表在伊朗拉姆萨尔共同签署了《关于特别是作为水禽栖息地的国际重要湿地公约》，简称《湿地公约》，又称《拉姆萨尔公约》。

图 3-3　英国温德米尔湖区（2009 年）

及河流一般来讲会比较少受到人类的干扰，特别是较为大型的湖泊、河流滨水区作为水域生态系统与陆域生态系统的交接处，具有两栖性的特点，受到两种生态系统的共同影响，因此常常呈现出丰富的生物多样性（图 3-4）。浅水区或湿地水草丛生，是鱼类繁殖、栖息的重要场所，是昆虫密集、鸟类群居之地，是生物多样性最丰富的地区。城市湖泊及河流及其周边的水生生态、湿地生态和陆生生态共同组成了一个较为完整的生态系统，成为城市生物多样性得以保持的重要基地。

　　2）调节城市微气候

　　由于城市中人类集聚度较高，因此人类活动对气候的影响表现最为明显。城市中居民、交通和工业集中，是产生热能的高度集中区，从而形成热岛效应——温差高达 5 ~ 6 ℃ [1]。城市湖泊及河流对于城市热岛效应的调节可以体现在以下几方面：一是增加空气湿度，由于水面的湿度明显比城市大面积的道路、建筑外立面、屋顶等硬质表面要高，因此处于水面附近的城市区域空气湿度较大；二是降低空气温度，由于水体的热容明显大于城市硬质表面，因此城市湖泊

1　韩忠峰 . 城市湖泊的作用及整治工程的环境影响 [J] . 环境，2006（s1）：12-13.

图 3-4 城市湖泊的生物多样性（德国慕尼黑奥林匹克公园内湖，2016 年）

及河流随水面蒸发会在白天吸收更多的热量，夜晚则释放出相应的热量，加之水面的风也带走一些热量，所以城市温度夏天剧烈升高和冬天剧烈降低的幅度将在城市湖泊及河流等水体的抑制下变得较为温和，这对减弱城市热岛效应具有明显作用（图 3-5）。

3）调蓄城市地表与地下水

城市湖泊与河流是天然的蓄水池，大气降水和城市附近区域的排水大多数流往湖泊与河流进行积蓄，它们对城市降水的截留作用一方面降低了城市排水压力，另一方面也可以保存淡水资源，为城市生活提供健康水源。然而随着城市地区地面不透水材料面积的不断扩大，城市地表水的下渗能力逐渐减弱，直接减少了城市地下水的补给量，并且由于城市的不断扩容，常常有人为过量抽取地下水的情况发生，使得地下水位降低、地下径流及土壤含水量急剧减少。而城市湖河水体就像一个天然的漏斗，不但具有强大的蓄水能力，还能有效地补给城市地下水，缓解城市地下水资源不足的状况。

4）净化环境、减少噪声

城市湖泊及河流的大面积水体具有自净能力，可以在一定程度上降低污染物的浓度、调节和恢复受污染的水环境。城市湖河水域及周边通常拥有比城市建成区更加丰富的植被群落，大

图 3-5　城市水面缓解热岛效应（英国伦敦海德公园，2023 年）

量的植物具有吸收 SO_2、CO_2 等气体的能力，并且成片的植物还能降低风速，使空气中的粉尘等颗粒物被吸附，从而净化空气环境。另外，城市湖河的大面积水域还是城市空间的自然划分器，将城市建成区的人流、车流阻隔开来，自然而然降低了城市的喧嚣。水域越大，这种降噪的效果就越明显——这也是人们喜爱选择滨水居住的主要原因之一（图 3-6）。

5）调节径流、防洪减灾

城市湖泊及河流水体作为城市水利枢纽的重要组成部分之一，具有调节径流、防治洪涝灾害以及蓄水防旱的功能。在每年的洪期和雨季，很多城市正是由于有了湖河等大型蓄水空间才能保证城市避免受灾——我们的祖先早就有论述，例如《尚书·禹贡》中有记述"大野既潴，东原底平"，即言大野泽蓄水后除去了东原的水患；而《农政全书》记载："易卦坎为水，坎则泽之象也……况国有大泽，涝可为容，不致骤当冲溢之害；旱可为蓄，不致遽见枯竭之形。"

2. 社会功能

1）城市景观

水不仅是社会、经济发展的重要基础资源，也是自然环境的重要组成要素。城市湖泊及河

图 3-6　城市湖泊环境（武汉东湖，2008 年）

流的自然特征因其景观的异质性，明显有别于以水泥和钢材为主要材料的建筑、街道和汽车等组成的人工城市景观（urban landscape）。城市湖泊及河流的水体、驳岸、栈桥等都会让人自然地产生亲近的欲望，而城市景观的多样性对于一个城市的稳定、可持续发展以及人类生存适宜度的提高又有明显的促进作用。城市湖泊及河流以其自身丰富而自然的物质特性、形态特性、功能特性的介入，提高了城市景观的多样性，丰富了城市的景观格局，为城市景观的舒适性、稳定性、可持续性奠定了良好的基础（图 3-7）[1]。

　　2）游憩娱乐

　　正如上文所述，由于湖泊及河流自然的地形地貌在城市景象中别具一格，因此其往往能够在城市环境中产生独具魅力的景观，与城市悠长的历史文脉相结合就更能形成著名的人文自然风景区，如杭州的西湖景区、武汉的东湖景区、武汉长江大桥区域等，它们对城市整体旅游价值的提升具有非常深远的影响。湖泊及河流还能延伸出其他城市休闲、运动、娱乐等功能，如人类的亲水性突出表现为喜爱亲近水体进行活动，因此城市湖泊及河流周边往往成为居民茶余

1　曾庆祝.浅谈城市河湖的生态作用及建设［J］.江苏水利，2001（12）：12-13.

图 3-7　临水的城市具有极其独特的城市景观（意大利科莫湖小镇，2016 年）

饭后散步锻炼的场所（图 3-8），提升了城市的基础设施功能。

正是因为上述城市湖泊及河流对城市所具有的非同凡响的意义，它的变化及发展与人们的生活息息相关，故要对城市湖泊及河流景观进行深入的研究，并结合空间信息技术使研究成果能够更科学地运用于当代城市湖泊及河流景观设计中。

（六）城市湖泊景观

城市湖泊景观（urban lakes landscape）是指"城市中陆域与水域相连的一定区域的总称，一般由水域、水际线、陆域三部分组成"，在空间范围上以水陆交界地带为起始点向水体与陆地两个方向进行延展，根据不同研究的需要，延展范围也略有不同，一般来说向水体延伸200 ～ 300 m、向陆地延伸 1000 ～ 2000 m[1, 2]。还有文献将城市湖泊景观界定为"位于城市建成区内部、跨越城乡或城市郊区的湖泊"，"这些湖泊与城市景观、城市公共空间、城市旅游经济、

1　王建国，吕志鹏.世界城市滨水区开发建设的历史进程及其经验［J］.城市规划，2001，25（7）：41-46.
2　张庭伟，冯晖，彭治权.城市滨水区设计与开发［M］.上海：同济大学出版社，2002.

图 3-8　湖边的划船等休闲活动区（德国慕尼黑，2016 年）

城市生态环境等方面关系密切"。另有学者将城市湖泊景观看作是连接城市水陆空间的过渡地带，是城市中"湖泊与陆地之间自然及人类社会活动过程中所产生的连接区域，以及对该区域的审美体验，是人与自然、人与人特别是人与地之间的关系发展的综合表现"。

　　本书对"城市湖泊景观""湖泊水环境""湖泊亲水性"等关键概念进行了整合和重新界定，包括湖泊水体，水陆交界的岸线（自然或人工）以及岛、洲、边坡等各种地貌的有机组合，还包含了城市的历史、文化、社会生活等精神要素信息，是物质空间与人文要素的综合体（图 3-9）。

（七）城市河流景观

　　作为水域景观的一种类型，河流景观的构成并不单单指河流本身，它还包括更大范围的外延扩展。根据尺度的大小，城市河流景观可分为大尺度河流景观和小尺度河流景观：大尺度河流景观是指河谷地区广域的景观中，依视觉上所包围的河谷或泛滥平原地区所界定的范围；小尺度河流景观主要由河道、提防和河畔植被组成，自然状态下所形成的小尺度河流景观受河流的形态、特性、流水、植被及土地利用等特性影响。刘滨谊等在所著的《现代景观规划设计》

图 3-9　人与城市湖泊（威尔士首府卡迪夫 Rose Park，2009 年）

中明确提出要发展生态化滨水驳岸的建议，在他看来，城市滨河区既包含水域、陆域，又包含了湿地，是一种复合型的区域，而且在这种复合型区域又蕴含着非常丰富的物种，应当给予高度的重视。实践中，我们应当尽可能保持水面、陆地以及生物链的连续性，增强其亲水性。

二、护岸

对于有湖泊及河流的城市而言，洪水一直是需要面对的最严重的自然灾害之一，自古以来，人类对付洪水的最直接方法就是筑堤、建坝。《辞海》中对"护岸"一词的解释是"在河堤、海岸用石块或混凝土筑成，以保护堤岸免遭波浪击毁的构筑物"。护岸工程指对江、河、湖、海等水体的原有岸坡采取砌筑加固等措施，以防止波浪和水流的侵袭、淘刷，以及在土壤压力、地下水渗透压力等作用下造成的岸坡崩坍。护岸是滨水景观的重要组成部分，因此须结合所在地区的地形地貌、地质条件、水面特征、材料特性、乡土植被以及施工方法、技术经济要求等条件来选择其构筑形式（图 3-10）。在现代城市滨水景观设计中，护岸的形式直接影响着水体的景观形象，是不可或缺的景观要素[1]。护岸的相关概念及解析如表 3-1 所示。

1　树全. 城市水景中的驳岸设计［D］. 南京：南京林业大学，2007.

图 3-10 护岸

表 3-1 护岸概念解析一览表

概念原词	中文	原释义	中文释义
levee/（US）dyke/flood bank（UK）	堤	Elongated mound to prevent flooding; generic term covering coastal dike, fore dike, and river embankment, summer dike	防止洪水的窄长土坡; 海岸堤、前堤和河岸堤、夏季提防等的通用名词
embankment	堤岸，路堤	① Slope of a field, linear mound of compacted soil or other material; ② Artificial structure of earth, gavel, crushed aggregate or rock（e.g. from tunnel excavation）, or long artificial mound of stone with steep slopes, usually of uniform gradient constructed primarily to retain water, or to carry a roadway or railroad, as well as for noise and sight protection; ③ Term is sometimes loosely applied to the steep, artificial side of a river	①地块的斜坡，压实的土壤或其他材料形成的线性土堆；②陆地人工结构，用锤紧、压碎的石块（开挖沟渠）或石头人工堆砌的长的陡坡，通常有统一的倾斜度，主要用来保持水土，或者作为公路或铁路的基础，也可以作为防止噪声和保护视线的设施；③有时不严谨地用于描述河流陡峭的人工建设侧面

概念原词	中文	原释义	中文释义
bank erosion control	防侵蚀河岸	Measures to prevent bank erosion of watercourses, or their destruction by other means, river bank stabilization, bank protection	阻止坡岸遭受侵蚀或被其他方式毁坏的方法、措施，稳定坡岸，保护河岸
bank revetment	护岸，护坡	Stabilization of river banks against lateral erosion with riprap, concrete or rock pavement, paving, streambank erosion, specific term rock revetment	抵御侧向侵蚀的河岸稳定、加固设施，如抛石、混凝土或岩石铺砌的护坡

表格来源：作者整理。

本书所研究的"护岸"包括湖泊及河流周边的大堤及护岸（图3-11），有的湖泊及河流只有大堤或护岸其中之一，有的则是两部分兼而有之。还有将湖泊及河流护岸称为"护坡"或"驳岸"的，主要区别在于倾角的大小："护坡"是指在自然安息角[1]以内的岸线，而"驳岸"则是指临水的挡土墙及垂直堤岸，是防止岸坡坍塌的重要水工建筑物。

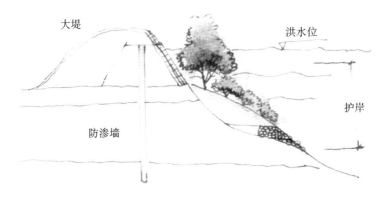

图3-11 护岸示意图

传统的护岸工程按平面形式可分为平顺护岸、丁坝护岸与矶头护岸三大类型。其中平顺护岸由于护岸效果好，已经成为城市湖泊、港区码头、河口等重要堤段普遍应用的护岸类型，也是本书主要涉及的护岸类型。平顺护岸工程主要由枯水位以上的"护坡工程"和枯水位以下的"护脚工程"两部分组成，详细的组成结构如表3-2所示。

尽管护岸是人类解决洪泛灾害的工程手段，属于人造工程的范畴，但由于工程材料、建造方法的不同导致最终的景观效果差异很大。由以上分析可以看出，护岸是指水、陆交界处天然或人工形成的防护体，其主要功能是防止雨水径流冲刷及风浪拍击对岸坡造成破坏。由于它是限定水体边缘的特殊地带，长期处于流水的侵蚀和冲刷之下，易于形成明显区别于水、陆的异质性景观区域。

1 土壤在自然堆积的情况下，经过自然沉降稳定后的坡面与地平面之间形成的夹角，叫作土壤的自然安息角，一般为30度。

表 3-2 平顺护岸工程组成要素一览表

护坡工程	①枯水平台	
	②脚槽	
	③坡身	a. 坡面
		b. 马道
		c. 导滤沟
		d. 排水沟
	④滩（堤）顶	a. 滩沿防护
		b. 截流沟
护脚工程	护脚	

表格来源：作者整理。

我们可以将城市湖泊及河流景观的护岸按不同特征分为不同的形式。

1. 平面式护岸

平面式护岸在平面形式上通常还包括平直护岸、曲线护岸、折线护岸等不同形式。

1）平直护岸

平直护岸带来单调的景观，客观上只能提供较为单一的游憩活动。在设计中可适当增加各式亲水平台或小广场的设置，使人们能够深入水边与水进行充分的接触；也可以利用外凸式的亲水平台或伸出的浮桥将人"送入水中"，在亲水的同时能拥有更广阔的视野来观赏水景。

2）曲线护岸

曲线护岸形态与水的运动相适应，并且具有连续、多变的景观视角。当进行城市湖泊及河流工程景观设计时，应该在满足水利工程要求的前提下充分尊重原始岸线的自然形态。当曲线的弯曲度较小时，流线型护岸可以明显减小湖浪冲击，有效避免护岸受到水的侵蚀；而当曲线的弯曲度较大时，利用关键转折点可以方便营造视觉和活动的中心区域。总之，曲线护岸拥有丰富多变的景观，可以极大地提高城市湖泊及河流景观的观赏性。

3）折线护岸

折线护岸可增加临水岸线的长度，适宜设置小型游船码头，同时狭窄地段可采用此种方法来扩大岸线空间，舒缓紧张感。但是在滨水景观亲水性设计中，应避免出现突然的生硬转折，以免产生紊流，影响安全。

总之，护岸设计应尽量保持并利用水边原本自然流畅的形态，对岸线转弯处、岸线凹入处及水中小岛等平面发生变化的地方和主要景观节点进行重点考虑，适当加强亲水性。

2. 断面式护岸

1）立式护岸

立式护岸又称垂直式护岸，一般用在水面和陆地的平面落差较大或者水面涨落高差较大的水域边界，或者是因建筑面积受限，在没有充足空间的形势下不得不建的护岸（图3-12）。

图 3–12 立式护岸

　　立式护岸的优点在于能够起到很好的抗洪作用，同时有利于节省岸线空间。但这种护岸形式也会粗暴地剥夺人们亲水的心理需求，原因在于：第一，堤岸断面垂直于水面，需要设置护栏等构筑物作为保护设施，致使滨水景观空间被断裂开，虽然与水的实际距离最近，但由于人们不能接近水，所以并不能起到吸引人和引导人的作用，反而拉开了人与水的心理距离[1]；第二，立式护岸会给人带来不舒服的视觉心理，因为当人以正常的姿态观水时，如果无法看到水域的边界，会带来不安全感、惧怕感；第三，立式护岸形式单一、缺乏变化，对人们来说缺少趣味性，因此这种护岸并不适宜城市湖泊及河流景观的亲水性设计。

2）斜式护岸

斜式护岸能加强堤防稳定性，随倾斜度及表面堆砌方法的不同，护岸的石面构造与间隙绿化所展现的美景程度也不同。斜式护岸相对于立式护岸来说，较容易使人接触到水面，因此能够在一定程度上满足人的亲水性需求。从安全方面来讲，斜式护岸坡度往往较缓，亲水活动场所的安全性比较理想，但适于这种护岸设计的地方必须有足够的空间。

3）阶式护岸

为了解决陆地边缘与水面的大落差，使用混凝土浇筑并使台阶逐渐下落，这种护岸形式称为阶式护岸（图3-13）。

图3-13　阶式护岸

对比之前两种护岸，阶式护岸使人很容易接触到水体，与水发生互动关系，是一种较为亲水的护岸形式。人们可以在适宜的季节、温度等条件下涉足水中，直接感受水的温暖、清澈与纯净，这能极大地满足人们对于水的心理需求。合理的台阶尺度和高度还可以让人们坐在台阶上舒服地休憩或眺望水面风光，因此这种护岸很适合人们进行亲水活动。阶式护岸使河道看起来规整、干净，但人工化痕迹较为明显，容易给人造成单调乏味的视觉感受。

3. 不同材质的护岸

1）自然护岸

自然护岸指几乎没有进行人工处理，保留了岸线的自然状态的护岸（图3-14）。作为较原始的护岸形态，其岸栖生物丰富、景观自然协调，能够较好地保持水陆生态结构和生态边际效应，因而生态功能健全、稳定，是人们亲水的理想场所。城市湖泊及河流景观的自然护岸适合用在岸线坡度自然舒缓、水位落差小、水流平缓的地带。

图3-14　近自然的河流护岸（德国柏林，2012年）

2）生物护岸

生物护岸直接使用树桩、树枝插条、竹篱、草袋等可降解或可再生的材料，通过植物生长后的根系固着护岸，以减少水流对土壤的冲蚀。在这种使用生物有机材料的生物护岸上，岸栖生物较为丰富、景观比较自然，能够形成自然的湖泊景观和获得良好的生态效益。生物护岸同样适用于坡度自然、水位落差较小、水流较平缓的地区。

3）生态护岸

生态护岸是采用石材干砌、混凝土预制构件、耐水木材和金属沉箱等硬质材料构筑的高强度、多孔性的护岸（图3-15）。该护岸形式基本上保持了自然岸线的通透性及水陆之间的水文联系，

图 3-15　生态护岸（英国，2009 年）

保护了岸栖生物的生长环境。在工程建设上，通常要在水平面以下约 50 cm 处采用浆砌块石做成自然曲折的岸线，以取得良好的固坡效果。从水线到陆岸，根据植物的生态习性依次种植水生植物和耐水湿植物，经过一段时间的生长，工程初期难看的硬质护岸基底将被植物掩饰得天衣无缝，可以达到很好的景观和生态效果，又具有很强的牢固性，非常适宜进行亲水活动（图3-16）。

图 3-16　恢复后的生态护岸（南非开普敦，2012 年）

　　4）硬质护岸

　　硬质护岸是在近代随着材料科学的发展而产生的一种稳固湖泊及河流边坡的新技术。硬质护岸工程基于水力学最佳水力半径的理论，遵循用最经济断面输送最大流量的原则，在结构设计和材料选择上都追求断面渠化和较小的水力糙率，因此硬质护岸往往被塑造成不同角度的斜面并以混凝土、石材等刚性材料覆盖（图3-17）。硬质护岸比较适用于那些人口相对稠

图 3-17　硬质护岸（苏格兰爱丁堡，2023 年）

密的区域，如城市中心区及各类人口聚居地，主要功能是防冲、防浪和稳定堤坡[1]。尽管硬质护岸造价昂贵且并不美观，但是它以给湖泊及河流边坡很好的防护、有利行洪等特性得到了广泛的应用。

硬质护岸主要有浆砌或干砌块石护岸、现浇混凝土护岸、预制混凝土块体护岸等几种形式。具有与水岸土体完全隔绝的结构，因此在一定程度上破坏了水流的自然功能。近年来，随着人类环境观念的改变及对于自然生态环境的重视度越来越高，各类生态型护岸的研究及实践工程不断出现，传统的"无生命的"硬质护岸也在不断改变。如利用生态混凝土、植草砖、石笼等与活体植物扦插结合，多种方法不一而足，越来越多的城市硬质护岸披上了一层绿衣，变成"半硬半软"的生态型硬质护岸。

三、亲水性

"亲水"来源于化学术语中的"亲水性"（hydropilicity）一词，是用以描述极性分子中一群原子或表面被水溶剂化的趋势，或指极性分子或分子的一部分在能量上适于与水相互作用而溶于水的特性。环境设计学科所涉及的"亲水"概念最初由日本的山本弥四郎在1971年提出，是他在主张塑造城市河流的亲水功能时开始使用的[2]。最初，"亲水性"在相关研究中被狭义地理解为一种地理位置概念，即从与水的位置关系进行判断，以靠近（close to）水或接触（touch）水为评判依据。随着研究的深入，研究者发现这种界定方式并不能很好地概括人对于水的趋向心理（psychology trend），单纯从场地和设施上理解"亲水性"并不能充分体现"河川原本的自然生态特征"[3]。1991年，日本学者齐藤治予提出了"亲水规划"的思想，即有意地创造亲水的环境；1995年韩国学者李在哲将"亲水"的概念引导到心理的层次上，认为"亲水性"是指人们在接触水的体验中，通过生态界形成心理的、情绪的涵养等环境功能的总称；1995年由日本河川治理中心编制的《滨水地区亲水设施规划设计》则将"亲水性"诠释为活动与精神的双重概念：活动概念的亲水性是指具有戏水、垂钓等娱乐、消遣功能，而精神层面的亲水概念则指通过生态系统以及滨水景观的保护获得心理上、情感上的满足。

综上所述并结合本书的研究内容，笔者认为"亲水性"（the water affinity）是环境对人的这种天生向往水的特性的满足程度的集中体现，它既包含了人对于水的接触和感知，还包含了环境为人提供的物质空间和精神氛围等内容，"亲水性"这一概念的内涵已由最初的地缘关系、地理概念，逐步拓宽至今日的囊括物质环境、空间氛围、人的心理需求满足以及相应活动等多重含义的综合性概念，它指人在精神和物质两个层面对水的需要、接近、向往、追求、探索等一系列行为活动与思维活动的总称，是水与人的"关系"（relationship）的综合表达（图3-18）。

1 HUFFORD K M，MAZER S J. Plant Ecotypes： Genetic Differentiation in the Age of Ecological Restoration［J］.Trends in Ecology and Evolution，2003，18（3）：147-155.
2 盛起.城市滨河绿地的亲水性设计研究［D］.北京：北京林业大学，2009.
3 河川治理中心.滨水地区亲水设施规划设计［M］.苏利英，译.北京：中国建筑工业出版社，2005.

图 3-18　人们的亲水性心理特性（德国慕尼黑，2016 年）

第二节　国内外相关研究

一、亲水性

　　笔者查阅了国内外大量文献资料，发现中外有关城市湖泊及河流景观亲水性的相关研究较少，甚至连亲水性都没有准确的英文词语相对应，如国内有些有关亲水性的研究使用了"hydrotroism"这个词[1]，或者使用"hydrotropolity""hydrophilic"[2]，还有用"water-

---

1　颜慧.城市滨水地段环境的亲水性研究［D］.长沙：湖南大学，2004.

2　胡小冉.城市综合公园人工湖驳岸及亲水景观的改造与设计——以泾阳县泾干湖公园为例［D］.咸阳：西北农林科技大学，2016.

enjoyable"[1] "water-liking" 等来表达亲水性的概念，笔者认为这些英文词语都较为片面，无法真正表达本书所涉及的"亲水性"概念的内涵。通过大量的比对研究，笔者选择"affinity"一词作为景观亲水性研究的英文关键词，但以此为关键词寻找与其相关的研究，在国外有关城市景观或者湖泊及河流景观的研究中并未发现"亲水性"的研究专题，因此作者再次扩大搜索范围，以"湖泊景观（lake landscape）"作为主题词进行了搜索，再在结果中筛选有关城市景观（urban landscape）研究的内容，两者相叠加，试图在其中发现有关城市湖泊及河流景观亲水性研究的线索。

通过将对城市湖泊景观亲水性的研究扩大到城市滨水景观的范畴，我们可以发现城市滨水区的发展通常与周围环境有着密切的联系，它反映这个城市在社会、经济和工业等各方面的发展变化[2]。人类对于水的亲近从物质到精神都经历了"由近及远""由远回归"的漫长过程。

在农业社会阶段，人类的生活、交通等都依托于水，水运场所是城市物质与信息的集散地，因而这个阶段的城市滨水空间是人们公共生活、经济发展的重心地带。但人们对于水景的欣赏却处于无意识的状态，这时的"亲水"更多的是由生活需水而产生的对水的依赖，如洗衣、洗澡、灌溉等。到了 19 世纪，第一次工业革命至第二次工业革命期间，城市滨水区迅速成长为城市核心的交通运输枢纽和转运中心，西方发达国家的港口工业发展模式开始形成。20 世纪中叶，发达国家城市滨水区经历了一场严重的逆工业化过程。首先，随着技术的进步，陆上交通逐步发达，水运则渐渐退居次位；其次，随着城市逐渐扩大，城市滨水空间不能满足人们的生活需求，失去了它原有的经济价值，人们的生活也渐渐远离了城市滨水空间；最后，工业重心的转移造成了港口的没落，滨水区逐渐被人们抛弃，留下破旧的港口码头，水环境的污染使得滨水区生态系统遭到破坏，大量的滨水工业、交通用地闲置待用，甚至沦为垃圾堆放场。这时的"亲水"概念逐渐淡出人们的生活。科学技术的发展、自来水的普及、高楼大厦的出现使得人们不再需要临水而居，人们乐于享受科学技术发展带来的丰富的物质生活，而远离了自然、远离了水。

20 世纪六七十年代至今，全球进入信息化时代，随着世界经济的发展，城市人口和用地规模急剧扩大，人们逐渐厌倦了远离自然的喧嚣城市生活，这时那些被忽略和遗忘、被挤占和破坏的城市湖泊及河流等自然水体作为城市开敞空间和公共生活场所的重要性重新被人们认识到，人们希望重新与水，特别是自然水体建立起亲密的联系，由此，世界范围内掀起了一场大规模的有关滨水区改造与重建的风潮。例如许多西方国家将没落的城市滨水空间建成充满活力的商业、办公、娱乐、广场、湿地等功能融为一体的城市生活吸引点和承载点，既带动了第三产业的发展，也丰富了城市公共生活，维护了城市滨水空间的可持续发展。此时相关学科的理论研究也蓬勃发展，成立了华盛顿滨水研究中心、日本滨水更新研究中心、威尼斯滨水城市研究中心等机构，并召开了"滨水区发展规划""全球化对滨水区的影响"等国际会议。在城市滨水区重建领域，许多国家都已经有了一些较为成功的案例，如英国卡迪夫湾（图 3-19）、利物浦

1　荣海山．城市湿地亲水性空间规划研究——以南宁市"中国水城"建设规划为例［D］．重庆：重庆大学，2012.
2　城市土地研究学会．都市滨水区规划［M］．马青，马雪梅，李殿生，译．沈阳：辽宁科学技术出版社，2007.

图3-19　英国卡迪夫湾改造（2009年）

阿尔伯特码头（图3-20）、伦敦道克兰码头区、悉尼达令港、加拿大多伦多湖湾滨水区、荷兰阿姆斯特丹东港区、德国杜伊斯堡港等。

　　梳理相关研究发现，大多数有关城市水体的研究和实践集中于较大尺度的滨水区空间发展和建设层面，从宏观尺度研究城市滨水景观的使用功能、亲水属性。而对于重点反映城市水环境的亲水性问题则非常缺乏系统的研究，仅有少量相关研究分散于有关水体的可达性、边坡护岸的生态化处理等文献中。如果我们把目光集中于中、微观尺度的城市护岸研究范畴，则有很多文献是从生态修复角度进行阐述的。例如有些研究对护岸的特性、功能、服务和面临的压力进行了探讨[1、2、3、4]。也有从较小尺度范围（0.5 ~ 100 km²）来探讨从景观生态学和土地利用

1　ENGEL S, PEDERSON J L. The Construction, Aesthetic and Effects of Lakeshore Development：A Literature Review［R］. Madison：Wisconsin Department of Natural Resources, 1998.

2　FELFÖLDY L.Fundamental Hydrobiology（In Hungarian）［J］. Mezogazdasági Kiadó, 1981：73-80.

3　NAIMAN R J, DÉCAMPS H. The Ecology of Interfaces：Riparian Zones［J］.Annual Review of Ecology and Systematics, 1997, 28：621-658.

4　OSTENDORP W, SCHMIEDER K, JÖHNK K. Assessment of Human Pressures and their Hydromorphological Impacts on Lakeshores in Europe［J］. International Journal of Ecohydrology and Hydrobiology, 2004, 4（4）：379-395.

图 3-20　英国利物浦阿尔伯特码头改造（2009 年）

视角建立岸线修复条件的文献[1]，还有偏向对护岸侵蚀进行保护的研究，这类文献往往涉及土壤工程学研究，还有很多研究者从环境保护的角度从理论层面详尽地阐述如何建设有效的护岸缓冲区[2,3]等。综合来看，城市滨水景观亲水性的研究相对于其他的研究内容较为稀少[4]，但其水体和周围景观的结构和功能连接度还是成为学者们较为关注的领域[5,6]，尽管这些研究并未直接涉

1　BOROMISZA Z，TÖRÖK É P，ÁCS T. Lakeshore-Restoration-Landscape Ecology-Land Use：Assessment of Shore-Sections，Being Suitable for Restoration，by the Example of Lake Velence（Hungary）［J］. Carpathian Journal of Earth and Environmental Sciences，2014，9（1）：179-188.
2　FISCHER R A，FISCHENICH J C. Design in Recommendations for Riparian Corridors and Vegetated Buffer Strips［R］. US Army Engineer Research and Development Center，Environmental Laboratory，2000.
3　DINDORF C J，HENDERSON C L，ROZUMALSKI F J. Lakescaping for Wildlife and Water Quality［M］. Minnesota Department of Natural Resources，1999：176.
4　HANSSON L A，BRODERSEN J，CHAPMAN B B，et al. A Lake as a Microcosm：Reflections on Developments in Aquatic Ecology［J］. Aquatic Ecology，2013，47（2）：125-135.
5　SORANNO P A，SPENCE C K，WEBSTER K E，et al.Using Landscape Limnology to Classify Freshwater Ecosystem for Multi-Ecosystem Management and Conservation［J］.Bioscience，2010（6）：440-454.
6　WU J.Key Concepts and Research Topics in Landscape Ecology Revisited：30 Years After the Allerton Park Workshop［J］.Landscape Ecology，2013，28（1）：1-11.

及本书关注的城市湖泊及河流景观亲水性，但是作为人们使用城市湖河水体的物质先决条件，对城市湖泊及河流自身的生态环境质量提升研究无疑为其亲水性研究奠定了必要的基础。这里我们挖掘了一些与城市湖河水体的亲水性非常相关的案例，以释其意。

欧洲及北美一些国家的滨水景观注重为残障游客提供平等的社会服务，因此对滨水景观的包容性空间做出了有益的尝试[1]。滨水景观中的自然性有助于增进人类福祉并为所有人提供健康益处[2]，故具有生态价值的滨水景观因其自然美而往往成为城市的热门旅游目的地，也成为人们从事户外体育活动的首选之地。以下就是匈牙利一项针对海滨景观的残障人士可达性所做的研究。匈牙利2011年的人口普查显示，大约4.6%的人口可以被认为是身体受限或有残疾的人群。社会事务部委托成立的激励基金会和它的合作伙伴Revita基金会开展了一项关于"残障人的旅游习惯和需求"的研究，结果表明即使残障人的旅游机会、习惯和个人需求在某些方面与一般人群有显著差异，但残障人士还是非常需要旅游机会的，而滨水景观是最受该类人士欢迎的旅游休闲目的地之一。

研究展示了如何利用通用的设计手段使残疾人能够在滨水景观中获得完整的旅行、参与和自然体验。首先，研究提出了一种减少歧视的解决方案，目的是为残疾人提供融入大众娱乐活动的场所，如在钓鱼场的设置方面，要求适合残疾人使用的钓鱼场所并不与一般的钓鱼场所分开，这样能够鼓励所有游客融为一体，当为这些场所设置环境家具时，要为轮椅使用者留下无障碍的空间（图3-21、图3-22）。其次，对于海滨景观的交通可达性问题，由于最常见的沙子或砾石等柔软的地面使步行或开车的难度增大（图3-23），降低了人们到水边游玩的欲望，因此可以考虑在砾石地面上铺设如木材、混凝土等硬质材料，以提高滨水空间的可达性，并在靠近水源的地方用带孔洞的铺装，以便于水的流动（图3-24、图3-25）。

图3-21　轮椅无障碍钓鱼场所与普通钓鱼场结合设计的平面示意图

1　SZASZÁK G，FEKETE A，KECSKÉS T.Access to Waterfront Landscapes for Tourists Living with Disabilities［J］.YBL Journal of Built Environment，2017，5（1）：5-13.
2　LUNDELL Y.Access to the Forests for Disabled People［R］.Jönköping：National Board of Forestry，2005.

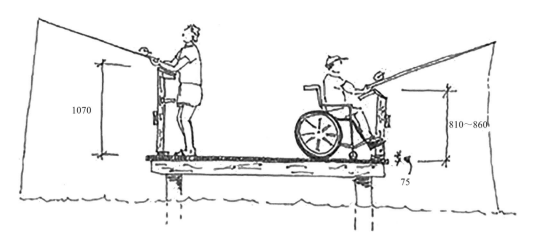

图 3-22　轮椅无障碍钓鱼场所与普通钓鱼场结合设计的立面示意图

图 3-23　沙子与砾石表面上的混凝土道路

图 3-24　滨水景观陆地最常用的材料

图 3-25　滨水景观滨水区最常用的材料

　　另外为了帮助残疾人接近水体，需要针对缓坡坡道设置带有双扶手和金属台阶的网格路面（图 3-26、图 3-27），水下则设置平缓倾斜的移动滑梯并在滑梯上设置辅助残疾游客的换坐点，这些恰当的辅助设施可以更好地吸引人群接近水体（图 3-28）。

图 3-26　从木制码头进入水域的坡道、楼梯和泳池电梯

图 3-27　木质结构的防波堤水上部分

图 3-28　木质结构的防波堤水下部分

▏城市湖泊与河流景观亲水性及空间信息研究

对于海滨景观的静态交通，相关部门也提出了一些可行设计，如在场地的入口处设置轿车、面包车及旅游大巴等都可停放的停车位(包含无障碍停车位)，在入口处提供详细的方向、景点、基本服务、无障碍设施、路线和活动等信息。在海滩、码头设置浮筒，便于全年居住在附近的人们在自然浴场内进行游泳、划船等水上活动。根据季节、天气等户外条件，在阳光丰富和阴凉的地方分别设置树木和公园家具。路面铺装需要考虑残障人士的需求，不但要对表面材质和纹理、垂直水平差异、倾斜角度、空间的大小等物质元素进行考量，还需要对很多非物质的信息进行研究，如不同人体尺度需求、危险警告、安全路线和目的地指南等信息的设置，需要以明显的视觉标志出现于适当的位置，并且运用触觉和听觉都可以传达的方式提高其可读性。

相对于国外研究集中于城市滨水景观的生态修复这一现象，我国城市滨水区的发展建立在城市美化运动的基础上，更多的是为了改善景观条件以获得较好的经济价值，如为提高房地产开发的经济价值或为政府形象工程服务。我国于 20 世纪 80 年代开始的早期的滨水区建设主要是集中于对河岸线的绿化，未从人的角度出发考虑如何"亲水"。但随着绿化建设的完成，城市滨水区域自然而然就吸引了越来越多的人观赏游览，因此一些地方结合需求建设了简单的公共活动场所，可见我国城市滨水区的亲水性建设是被动开始的。20 世纪 90 年代，我国开始全面兴起滨水区景观规划设计，随着人工生态等新技术的应用，景观生态学、环境行为学、环境心理学等相关研究理论的逐步完善，人们开始重新认识城市滨水区景观的资源优势并开始进行综合治理，这一时期，亲水空间、亲水设施的建设也逐步完善。在大量实践发展的基础上，一些滨水区建设的理论著作也不断涌现，相关作品集中于建筑科学领域并以景观营造[1、2]为主，分别探索了保护、利用[3、4]、修复[5]及规划设计研究[6、7、8]等，尽管研究中有亲水性生态护岸[9]、亲水景观[10]的说法，但很少有针对城市湖泊及河流亲水性的研究文献。还有少量作品研究城市滨水景观、滨水空间、城市湿地或公园水体的亲水性[11、12、13、14]。《城

1   李颖. 城市湖泊景观可持续营造研究［D］. 哈尔滨：东北农业大学，2013.
2   魏海波. 武汉市城市湖泊景观塑造研究［D］. 武汉：华中科技大学，2006.
3   陈存友，胡希军，郑霞. 城市湖泊景观保护利用规划研究——以益阳市梓山湖为例［J］. 中国园林，2014（9）：42–45.
4   李静. 城市湖泊景观的保护与发展研究——以大明湖为例［D］. 北京：北京林业大学，2009.
5   熊清华. 城市湖泊生态景观恢复与更新研究［D］. 武汉：武汉理工大学，2008.
6   郑华敏. 城市湖泊景观规划设计的研究——以三水云东海湖为例［D］. 福州：福建农林大学，2005.
7   丁旭. 城市湖泊风景区景观规划与设计研究［D］. 哈尔滨：东北林业大学，2008.
8   黄婷. 城市湖泊型风景区景观设计初探［D］. 武汉：武汉大学，2004.
9   任亚萍，崔素娅. 滨水空间亲水性生态护岸的景观设计［J］. 信阳农业高等专科学校学报，2011，21（1）：125–126.
10   胡小冉. 城市综合公园人工湖驳岸及亲水景观的改造与设计——以泾阳县泾干湖公园为例［D］. 咸阳：西北农林科技大学，2016.
11   孟东生，潘婷婷. 城市滨水景观亲水性设计的探析［J］. 艺术科技，2016，29（8）：319.
12   刘佳玲. 探讨城市滨水空间的亲水性堤岸设计［D］. 福州：福建农林大学，2007.
13   荣海山. 城市湿地亲水性空间规划研究——以南宁市"中国水城"建设规划为例［D］. 重庆：重庆大学，2012.
14   吴然，李雄. 公园水体景观的亲水性研究——以成都活水公园为例［J］. 攀枝花学院学报，2012，29（5）：48–50.

市规划》于 1998 年第二期开始开辟"临水地区规划专栏",刊载滨水区建设的成功案例和最新理论成果,并在 1999 年和 2001 年出现滨水区规划专题,对滨水区的建设进行了探讨。2010 年出版的《滨水景观设计》着重探讨从滨水区自然、人文等多方面景观元素的处理来满足滨水区不同亲水活动以及生态景观建设的需求。2011 年,由方慧倩编译的《滨水景观》一书通过对全球 46 个精选案例的不同环境文化基底的分析,总结滨水景观的设计通则以及亲水性景观的个性化设计。我国在滨水区建设发展过程中也有很多成功探索,如上海外滩改建、南宁滨江景观区建设、广州珠江滨水区建设、合肥环城公园建设、成都府南河综合治理、中山岐江公园建设、府南河活水公园建设等。以上这些城市滨水空间的理论研究和建设实践都包含了"亲水"的内涵。

尽管有关城市湖泊及河流景观亲水性的专项研究十分罕见,但笔者还是发现了一些文献从不同角度对城市湖泊及河流景观亲水性有一定的探索。例如,胡小冉的论文《城市综合公园人工湖驳岸及亲水景观的改造与设计——以泾阳县泾干湖公园为例》[1],将人工湖驳岸作为亲水的最佳地点,从理论概念入手,对驳岸空间的功能、特点及亲水景观的构成要素进行了阐述,对国内外驳岸及亲水现状进行了研究分析,针对不同亲水人群的亲水方式,从交通组织的布局、公共设施的设置来满足亲水的要求,提出了人工湖驳岸亲水景观的解决方案。荣海山的论文《城市湿地亲水性空间规划研究——以南宁市"中国水城"建设规划为例》[2],从城市湿地亲水性空间的角度来探讨城市中具有湿地特征的滨水空间的合理利用和保护问题,论文给出了一些规划策略。孟东生、潘婷婷的《城市滨水景观亲水性设计的探析》[3]探讨了城市滨水区景观亲水性设计的意义、原则、方法,内容较为简单。谭祎、蔡如的《城市湖泊景观美学评价研究——以广州市为例》运用心理物理模式中的美景度评价法、数理统计中的相关分析和回归分析建立关系模型,发现 5 种景观要素(水面形态、植物群落、林冠线、园林建筑、城市影响)与城市湖泊美景度相关,并分析了公众审美与景观要素美学质量之间的关系,提出城市湖泊造景的建议,对于城市湖泊景观亲水性的营建具有一定的参考意义。

我国的城市滨水景观实践案例也往往有一些部分涉及亲水性的表达,以下用武汉东湖绿道磨山景区的设计实践作为代表进行阐释。在地貌上,武汉市中间低平,南北多为丘陵低山[4],在气候上属亚热带季风性气候,雨量丰沛、雨热同期、冬冷夏热[5]。而东湖绿道磨山景区就位于武汉市东湖景区中心地带,总面积约为 310 ha,总长度约为 6.8 km,绿道面积约为 4.8 ha[6]。景区外部交通便利,内部自然资源丰富,生态景观优美,是东湖绿道体系中最具特色和代表性的

1　胡小冉.城市综合公园人工湖驳岸及亲水景观的改造与设计——以泾阳县泾干湖公园为例[D].咸阳:西北农林科技大学,2016.

2　荣海山.城市湿地亲水性空间规划研究——以南宁市"中国水城"建设规划为例[D].重庆:重庆大学,2012.

3　孟东生,潘婷婷.城市滨水景观亲水性设计的探析[J].艺术科技,2016,29(8):319.

4　武汉地方志编纂委员会办公室.武汉综述[EB/OL].(2009-03-06)[2023-08-22].https://web.archive.org/web/20080928055041/http://www.whfz.gov.cn/shownews.asp?id=43549.

5　荆楚网.武汉简介[EB/OL].(2015-05-22)[2023-08-22].http://news.cnhubei.com/xw/2015zt/hbwlx/hbwlxwmkhb/wmkhbwh/201505/t3264623.shtml.

6　阿拓拉斯(北京)规划设计有限公司.武汉东湖绿道磨山公园[EB/OL].(2021-04-12)[2023-08-22].https://www.gooood.cn/moshan-park-in-wuhan-east-lake-greenway-china-by-atlas.htm.

景区。该项目建成于 2018 年，设计亮点主要表现在以下三方面。

　　首先是在园内景观塑造中增加了许多湖边设施，为游客提供观赏湖泊景色、接触湖面的游玩空间，增强对于园内空间的体验感，拉近游人与湖泊之间的关系（图 3-29）[1]。其次是对观赏道路的改善与设计：为分流行人与骑行者，架设木栈道为不同的人群提供观赏体验（图3-30），提升空间的游览质量；考虑满足行人夜间游览园内的体验需求，园内设计了荧光步道。最后，基于园内的原生植物种类进行调整，在考虑季相与生态等因素的前提下丰富景区的景观体验[2]。

　　在场地的可达性方面，设计加强了景区内部多条道路与落雁景区的连接性。例如，建设接驳巴士枢纽中心，通过巴士连接景区与游客中心，人车分离的设计也保证了游客的安全，还增设了共享单车停放区域，增加景区的慢行交通可达性和便利性，为居民走入自然、亲近湖泊提

图 3-29　多层次景观空间

（图片来源：https://www.gooood.cn/moshan-park-in-wuhan-east-lake-greenway-china-by-atlas.htm）

1　阿拓拉斯规划设计.[城市更新之公园篇]武汉东湖绿道磨山段[EB/OL].（2019-12-06）[2023-08-22]. https://mp.weixin.qq.com/s/MEuGnNg4QXv75T3GWtwJoQ.

2　阿拓拉斯规划设计.[城市更新之公园篇]武汉东湖绿道磨山段[EB/OL].（2019-12-06）[2023-08-22]. https://mp.weixin.qq.com/s/MEuGnNg4QXv75T3GWtwJoQ.

1. 木栈道
2. 阶梯绿地
3. 休憩装置

图 3-30　水上木栈道

（图片来源：https：//www.gooood.cn/moshan-park-in-wuhan-east-lake-greenway-china-by-atlas.htm）

供了更加便利的交通条件[1]，为公园亲水性塑造提供了基础[2]。

　　东湖磨山景区一面靠山、三面临水，且内部由多个小湖构成，为亲水植物提供了绝佳的生长条件。景区建设了环湖绿色生态保护带，根据植物的时令性和观赏性，将原有植物进行适当的增减，在沿湖岸边的交接地块种植芦苇等水生植物，在沿岸坡地种植草皮，在湖堤、堤外地块种植林木，这样不仅丰富景区内部的生态多样性，达到生态治理的效果，改善自然环境、保护水土、净化水体等，也可以提高四季的观赏效果，为游客提供了随时可观、可玩的景色，为亲水体验打造了优美的环境，也丰富了空间的层次性[3]。

　　磨山景区还注重增加驳岸的功能性与互动性，设施上增加观湖景、漫步湖边的公共空间（图3-31、图3-32）并设计特色的驳岸景观（图3-33、图3-34及图3-35），以满足居民的亲

1　阿拓拉斯规划设计.[城市更新之公园篇]武汉东湖绿道磨山段[EB/OL].（2019-12-06）[2023-08-22].https：//mp.weixin.qq.com/s/MEuGnNg4QXv75T3GWtwJoQ.

2　阿拓拉斯（北京）规划设计有限公司.武汉东湖绿道磨山公园[EB/OL].（2021-04-12）[2023-08-22].https：//www.gooood.cn/moshan-park-in-wuhan-east-lake-greenway-china-by-atlas.htm.

3　阿拓拉斯（北京）规划设计有限公司.武汉东湖绿道磨山公园[EB/OL].（2021-04-12）[2023-08-22].https：//www.gooood.cn/moshan-park-in-wuhan-east-lake-greenway-china-by-atlas.htm.

水需求，增强游园的参与感[1]。景区为城市级公共绿道东湖绿道中的重要一环，位于东湖中心地带，是东湖最优质景点之一。为了保证各个群体在各种时间段内的观赏体验和观赏的安全性，首先，设计了荧光步道以满足夜间游园的需求，同时增加了夜景观赏效果。其次，架设木栈道（图3-36）分流行人与骑行者，保证安全性、提升亲水体验。最后，提升现有草坪广场的环境品质，为游客亲水活动提供空间。

图 3-31　鸟瞰全景图

（图片来源：https：//www.goooood.cn/moshan-park-in-wuhan-east-lake-greenway-china-by-atlas.htm）

图 3-32　航拍顶视图

（图片来源：https：//www.goooood.cn/moshan-park-in-wuhan-east-lake-greenway-china-by-atlas.htm）

1　阿拓拉斯规划设计 .[城市更新之公园篇] 武汉东湖绿道磨山段 [EB/OL].（2019-12-06）[2023-08-22].https：//mp.weixin.qq.com/s/MEuGnNg4QXv75T3GWtwJoQ.

图 3-33　多样绿道体验

（图片来源：https：//www.gooood.cn/moshan-park-in-wuhan-east-lake-greenway-china-by-atlas.htm）

图 3-34　滨水步道

（图片来源：https：//www.gooood.cn/moshan-park-in-wuhan-east-lake-greenway-china-by-atlas.htm）

图 3-35　特色驳岸景观

（图片来源：https://www.gooood.cn/moshan-park-in-wuhan-east-lake-greenway-china-by-atlas.htm）

图 3-36　亲水平台

（图片来源：https://www.gooood.cn/moshan-park-in-wuhan-east-lake-greenway-china-by-atlas.htm）

二、亲水生态护岸

（一）理论研究

1. 近自然治理

20世纪初，在德国和瑞士等欧洲国家，以"近自然治理"（near nature control）理念为中心的理论悄然出现。1938年，德国的植物学家Alwin Seifert首先提出了河溪整治的"近自然"概念，提倡在完成传统河流治理任务的基础上达到接近自然、廉价并保持景观美的河流整治方法[1,2]。20世纪50年代，德国就正式创立了"近自然河道治理工程学"。1971年，Uwe Schlüeter将近自然治理的目标锁定在既要满足人类对河流利用的要求，又要维护或创造河流的生态多样性上[3]。1983年，Walter Binder提出河道整治首先要考虑河道的水力学特性、地貌学特点与河流的自然状况，以权衡河道整治对生态系统胁迫之间的尺度[4]。1985年，Jochen Hohmann提出把河岸植被视为具有多种小生态环境的多层次结构，强调生态多样性在生态治理上面的重要性，注重工程治理与自然景观的和谐性。同年，Rossoll指出近自然治理的思想应该以维护河流中尽可能高的生物生产力为基础。到了1989年，Psbst则强调溪流的自然特性要依靠自然力去恢复。1992年，Jochen Hohmann从维护河溪生态平衡的观点出发，认为近自然河流治理要减轻人为活动对河流的压力，维持河流环境多样性、物种多样性及其河流生态系统平衡，并逐渐恢复自然状况[5]。

2. 生态工程

1962年，美国学者Odum将自我设计、自我组织的生态学概念运用于工程中，提出了"生态工程"（ecological engineering）的概念。1989年，Mitsch与Jorgensen合著的 *Ecological Engineering: An Introduction to Ecotechnology* 一书[6]，汇总了具有共同特质与原则的各类生态工程技术并给予定义。自此，生态工程的理念在世界各国的工程及环境领域广泛发展开来。1986年，生态工程的理念传到日本，被称为"近自然工事"或"多自然型建设工法"（多自然型川づくり），它是营造近自然的多样性生物生息空间的河川治理工程，力图在治水、防沙的安全原则下，修复、创造出丰富自然的水边环境及河床微地形。近年来，我国有越来越多的学者关注河流水利工程的生态设计与景观营建问题。在我国台湾，自1999年9·21集集地

1　高甲荣.近自然治理——以景观生态学为基础的荒溪治理工程[J].北京林业大学学报，1999，21（1）：80-85.

2　SEIFERT A.Naturnäeherer Wasserbau[J]. Deutsche Wasser Wirtschaft，1983，33（12）：361-366.

3　SCHLÜETER U.Ueberlegungen Zum Naturnahen Ausbau Von Wasseerlaeufen[J].Landschaft und Stadt，1971，9（2）：72-83.

4　BINDER W，JUERGING P，KARL J. Naturnaher Wasserbau Merkamale und Grenzen[J].Garten und Landschaft，1983，93（2）：91-94.

5　HOHMANN J，KONOLD W.Flussbaumassnahmen an Der Wutach und Ihre Bewertung Aus Oekologischer Sicht[J].Deutsche Wasser Wirtschaft，1992，82（9）：434-440.

6　MITSCH W J，JORGENSEN S E.Ecological Engineering: An Introduction to Ecotechnology[M].New York：John Wiley and Sons，1989.

震之后，政府和专业团体都大力倡导"生态工法"（ecotechnology）理念。2002年，台湾相关部门研究并确定了生态工法的定义："生态工法系指人类基于对生态系统的深切认知，为落实生物多样性保育及永续发展，采取以生态为基础、安全为导向，减少对生态系统造成伤害的永续系统工程。"[1]中国水利水电科学研究院董哲仁教授率先提出了生态水利工程学（eco-hydraulic engineering）概念，强调水利工程要吸收生态学原理和方法，在满足人类社会需求的同时，兼顾水域生态系统健康与可持续性需求，实现人与自然和谐的目标[2]。

3. 生态护岸

生态工程的理念在世界不同地区被运用到水体治理的各个方面——从河床恢复、河道重建到生态护岸改造，这些共同为营建健康、可持续的水生态系统服务，该理念尤其在生态护岸领域获得了长足发展。

20世纪初，Lewis提出了坡面生态工程（slope eco-engineering，SEE）[3]，他认为坡面生态工程是以环境保护和工程建设为目的的生物控制或生物建造工程[4]，也是一种利用植物进行坡面保护和侵蚀控制的途径与手段[5]；1950年，德国的Kruedener也积极提倡对河道的整治要植物化和生命化，从而使植物作为一种工程材料被应用到护岸水利工程中；1990年，Coppin等人提出了土壤生物工程（soil bioengineering）[6]，这是一种是主张"用活的植物，单独用植物或者植物与土木工程措施和非生命的植物材料相结合，以减轻坡面的不稳定性和侵蚀"的生态护岸方法。具体来说，土壤生物工程主要是利用植物对气候、水文、土壤等的作用来保持岸坡稳定，通过植物对坡面的有效覆盖，根系降低土壤孔隙水压来加固土层和提高抗滑能力，有时与工程技术结合，对护岸进行综合保护，提高护岸防护使用年限，主要包括植草、植树等生物方式。

我国学者对生态护岸也有一定的研究，如黄岳文等[7]认为生态护岸是融现代水利工程学、生物科学、环境学、生态学、景观学、美学等学科为一体的水利工程；罗利民等[8]认为生态护岸是结合治水（水利）工程与生态环境保护的一种新型护岸技术；陈明曦等[9]认为生态护岸是现代河流治理的发展趋势，是以河流生态系统为中心，集防洪效应、生态效应、景观效应和自净效应于一体，以河流动力学为手段而修建的新型水利工程。

1　蔡宗霖.生态工法中预铸混凝土护坡最佳植被之调查[D].台中：台湾逢甲大学，2003.

2　董哲仁.生态水工学的理论框架[J].水利学报，2003，34（1）：1-6.

3　NORDIN A R. Bioengineering to Ecoengineering[J].International Group of Bioengineers Newsletter，1993（3）.

4　谢三桃，朱青.城市河流硬质护岸生态修复研究进展[J].环境科学与技术，2009，32（5）：83-87.

5　HESSION W C, JOHNSON T E, CHARLES D F, et al. Ecological Benefits of Riparian Reforestation in Urban Watersheds：Study Design and Preliminary Results[J].Environmental Monitoring and Assessment，2000，63（1）：211-222.

6　COPPIN N J, RICHARDS I G. Use of Vegetation in Civil Engineering[M].Butterworths：CIRIA, 1990.

7　黄岳文，吴寿荣.感潮河道的生态护岸设计[J].吉林水利，2005（8）：10-12.

8　罗利民，田伟君，翟金波.生态交错带理论在生态护岸构建中的应用[J].自然生态保护，2004（11）：26-30.

9　陈明曦，陈芳清，刘德福.应用景观生态学原理构建城市河道生态护岸[J].长江流域资源与环境，2007，16（1）：97-101.

通过以上理论发展脉络的梳理我们可以将众多相关理论分为三个部分（表3-3）：①近自然治理理论，这一理论将目光投向流域尺度，以水域的自然属性作为基本目标，强调利用水域自身的自然力量恢复其风貌，人类较少参与其中；②生态工程理论，这一理论落实到了工程实践层面，强调正确的生态工程方法在水域治理工程上的应用；③生态护岸理论，具体到坡面工程技术层面，以生物技术来建立"有生命的"护岸景观，强调植物在护岸建设中的积极作用。

表3-3　与城市护岸工程景观营建相关的国内外理论一览表

理论	名称	国家	时间	人物	成果及贡献
近自然治理理论	近自然河道治理工程学	德国 / 瑞士	1938 年	Alwin Seifert	首先提出了河溪整治的"近自然"概念
			20 世纪 50 年代	—	正式创立了"近自然河道治理工程学"
			1971 年	Uwe Schlüeter	锁定近自然治理的目标
		德国	1983 年	Walter Bidner	提出河道整治需要注意的要素
			1985 年	Jochen Hohmann	强调生态多样性在生态治理上面的重要性
			1985 年	Rossoll	指出近自然治理的思想基础
			1989 年	Psbst	强调溪流的自然特性要依靠自然力去恢复
			1992 年	Jochen Hohmann	强调维护河溪生态平衡的观点
生态工程理论	近自然工事	日本	20 世纪 80 年代	福留修文	提出了"近自然工法"概念
	生态工程	美国	1962 年	Odum	首次提出了"生态工程"的概念
			1989 年	Mitsch, Jorgensen	出版 *Ecological Engineering: An Introduction to Ecotechnology* 一书，定义"生态工程"
	生态工法	中国	2002 年	—	积极推广生态工法，并制定定义
	生态水利工程学	中国	2003 年	董哲仁	提出生态水利工程学概念
生态护岸理论	坡面生态工程	美国	20 世纪初	Lewis	提出了"坡面生态工程"
		德国	1950 年	Kruedener	提倡对河道的整治要植物化和生命化
	土壤生物工程	英国	1990 年	Coppin	提出"土壤生物工程"

表格来源：作者整理。

综上所述，我们不难发现，有关城市护岸工程景观建设的理论集中在将人工工程的重点转向对自然的保护与生态的恢复上，它们都尊重自然环境原有的多样性，力图依照现存的自然条件，建设一个具有良好的水循环系统、保持水体安全及流态优美的景观环境。这些理论并不是提倡消极的保护，而是更积极地使自然环境再生，努力创造出一个水与绿的生态网络。这些理论的实质是将生态与水体治理、景观营建等进行有效的结合，以达到既有防护作用又能维护河流自然景观的效果。

（二）工程实践发展

护岸属于水体整治工程的重要组成部分，尤其在城市湖泊及河流景观亲水性建设中扮演着举足轻重的角色。

1. 国外工程实践发展概况

18 世纪 60 年代以前，城市护岸工程建设一直遵循岸线的自然形式，材料也多采用山石、植物等自然材料，因此护岸景观以自然景观为主体，展现了天然弯曲的岸线和丰富的植物群落，成为城市景观系统当中的一部分。但工业革命（18 世纪中叶）以后，工业的急速发展和经济的迅速膨胀使人们对自然的认识发生了重大的改变。"人定胜天"的思想成为这一时期人类处理各种问题的普遍观点。于是人类对于城市护岸也采用了强制性的措施——利用高大的硬质防护堤遏制水的侵扰。由此造成城市滨水景观环境遭到强烈的干扰，生态失衡、景色单调、亲水困难，同时蓄积了更大的洪水灾害和生态灾难隐患。欧美国家自 19 世纪就开始注重护岸的建设与科学研究，为护岸建设带来了技术的革新，引发了大量的工程实践。如瑞士的苏黎士州河川保护计划、英国的戈尔河和思凯姆河生态恢复科学示范工程、美国凯斯密河恢复工程、德国莱茵河行动计划、奥地利多瑙河整治计划等。这些国家纷纷大规模地拆除了水岸的硬质衬砌，转而采用生态护岸，进而修复水边植物群落与水畔林，这已成为当今国际上滨水建设的主要趋势。通过这些大型工程项目总结并产生了一些生态护岸的新技术，如土壤生物工程技术，该项技术是从最原始的柴木枝条防护措施发展而来的，现已形成一套完整的理论体系和施工方法并得到了广泛应用，如美国阿拉斯加州 Kenai 河护岸、加拿大 Jacques Cartier 公园河岸保护项目等[1]。但若单纯利用植物进行护岸景观营造，空间需求较大，抗冲刷能力不足，并且植物品种的选择具有相当的局限性，不能适应城市滨水景观建设所要求的空间局促、防洪标准高、人工设施密集、功能要求多样等特点，这便是目前为止还是有很多硬质护岸与驳岸景观继续在世界各国城市存在的主要原因。

尽管日本及韩国的护岸整治工作起步相对较晚，但它们在学习、借鉴欧美先进理念和经验的基础上，积极结合本地区水域特点进行了大量的工程实践，发展也较快。特别是日本，对各种湖溪环境下的生态护岸工程有了较为深入的实践经验。日本政府采取"放任自流"的办法，堤坝不再用水泥板建造，而是采用植物护岸、石头及木材的自然护岸，尽可能利用木桩、竹笼、卵石等天然材料来修建护岸，并将其命名为"生态护岸"。不得已使用混凝土的护岸，也按生态型护堤法进行覆土改造（图 3-37）。在城市河流硬质护岸工程景观营建实践中，日本创造了"半干砌石护岸"的方法，即用混凝土格加固卵石下部，使卵石一半被混凝土固定，另外一半悬空。同时在半干砌石护岸前部设置供鱼类和水生植物生长的石堆。这种技术中的卵石有一层或多层的铺设方法，护岸上可扦插柳枝。本明川应用这种护岸进行改造试验，建成后植被茂密，生态恢复效果非常好。既达到了防洪目的，又保障了生物生存的环境，还增加了景观的亲水性，较好地实现了防洪和生态亲水型工程景观建设的双重目标。日本还发明了"生态混凝土"，其

1　夏继红，严忠民. 国内外城市河道生态型护岸研究现状及发展趋势［J］. 中国水土保持，2004（3）：20-21.

主要由多孔混凝土，含土壤、保水剂和缓释肥等物质的适生材料及表层土组成，可使安全护砌与景观美化有机结合起来，再营造由水、草共同构成的水环境。这种材料还可降低护砌材料表面温度及增加护砌材料表面透水性、透气性，缓解热岛效应，提高湿热交换能力，生态功能显著。日本于 20 世纪 90 年代初开展的"创造多自然型河川计划"，使流经城市的河流两岸重新草木葱茏，目前自然型河道治理在日本已经相当普及。

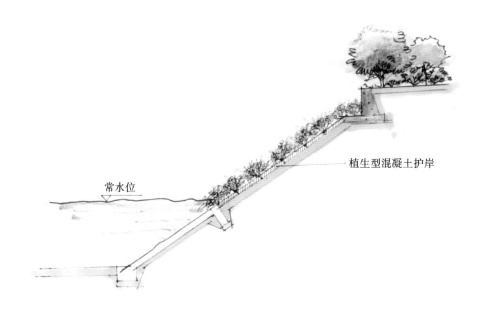

图 3-37　植被参与的混凝土护岸示意图

有关世界各地对生态护岸的研究及部分实践工程见表 3-4 所示。

表 3-4　世界各地生态护岸工程实践一览表

国家	工程实践	技术 / 做法	效果
瑞士	苏黎士州河川保护计划	拆除已建的混凝土护岸，改修成柳树和自然石护岸，建立鱼道	使生态环境恢复良好
日本	小野市山田川整治工程	堆积与铺设块石，部分地点配合使用椰子纤维，建立植物护岸	以石头、木材及多孔质材创造出生物生长的自然环境
	本明川	半干砌石护岸，扦插柳枝	既达到了防洪目的，又保障了生物生存的环境，较好地实现了防洪和生态型工程景观建设的双重目标
美国	凯斯密河恢复工程	回填渠化河道，恢复废弃河段活木桩及植物纤维垫护岸	恢复河流的连通性
	得克萨斯州科珀斯克里斯蒂航道工程	混凝土连锁护面块结构，块间种植植物	能够适应岸坡的变形，保护生态环境

国家	工程实践	技术/做法	效果
韩国	清溪川复原工程	中段铺设块石和植草护岸，下段建设生态植被河岸	强调亲水性，体现人与自然的协调共生
德国	莱茵河行动计划	将水泥堤岸改为网格混凝土夹带草皮的生态河堤	重新恢复河流两岸储水湿润带
奥地利	多瑙河整治计划	将单纯的钢筋混凝土结构改为无混凝土或钢筋混凝土外覆植被护岸	充分考虑生态效果，模拟自然状态，以适合动植物生长

表格来源：作者整理。

2. 国内工程实践发展概况

在我国台湾，自 1999 年起，政府和专业团体都大力倡导"生态工法"理念，在水利及水土保持工程方面积累了不少经验，如在基隆河乡长溪上游段改善工程中，人们采用缓坡式天然砌石护岸与植物工法相结合，以达到提高栖息地生物多样性、防洪、环保、生态复育、水源涵养等功效；在康诰坑溪整治工程中，则以二阶式石笼护岸取代硬质护岸，并在阶间覆土植栽，为动植物提供栖息场所，以增加环境景观、改善生活品质、提高亲水性。林镇洋教授还介绍过一种应用石笼、土笼相互配套的方法来满足生态修复和挡土双重功能要求的护岸工程景观实例，大力倡导建立适合本地河流特性的生态工法。然而日本及我国台湾地区的实践研究多局限于小河、小溪的河道整治，缺少对城市里湖泊及大江、大河的硬质护岸景观进行生态护岸建设的实践研究。

如何将植物适当地引入城市河流硬质护岸基底，并解决植物对护岸安全性的消极影响，已成为世界河流硬质护岸工程景观研究的重要课题。

综合相关生态护岸工程研究，从护岸基底的角度我们可以把城市湖泊及河流生态护岸景观分为三类：植物护岸景观、硬质护岸景观、综合护岸景观。而站在水利工程学的角度，完全选取植物进行护岸营造的方法只适用于那些流量小、落差小、河床平缓、防洪安全要求较低的小型护岸工程；而如长江、汉江等落差大、流量大的大中型河流，以及在多数湖泊及河流的城市区，则更需要在保障城市安全的硬质护岸上进行植物介入的工程景观的优化，以实现防洪功能与生态效益、景观效果的多赢。

我国自古就有与自然和谐相处的朴素生态思想。据历史记载，公元前 28 世纪，我国就在渠道修整过程中使用了柳枝、竹子等编织成的篮子装上石块来稳固河岸和渠道。这种原始、古老的方法可以看作是现代石笼护岸的前身，现在越来越受到人们的青睐[1]。

直到改革开放以前，我国的城市河流护岸都还是比较自然的。但是随着经济和城市的快速发展，越来越多的城市河流披上了"装甲"的硬壳。近年来，随着生态思想的普遍传播，国内有不少生态型护岸工程相继出现并取得了一定的成果。如在广西漓江治理工程中应用了笼石挡

---

1 夏继红，严忠民.生态河岸带研究进展与发展趋势［J］.河海大学学报（自然科学版），2004，32（3）：252-255.

墙、网笼垫块护坡、复合植被护坡等生态型护岸技术[1]；在引滦入唐工程中应用了网格反滤生物组合护坡技术[2]。2003 年起，上海斥资 500 亿打造水清、岸绿、景美、游畅的"东方水都"规划，生态河道建设成为其中重要的一部分。浦东新区政府自 2004 年起对畅塘港、八一河等 6 条主要河道进行护坡拆除、拆直取弯，同时开展生态护岸建设工作，以尽可能保持和恢复河道特有的自然和生态景观。机场镇（现为川沙新镇）生态河道示范区中不同类型的植被呈阶梯状生长，从坡脚到坡顶将坡岸依次分成若干区域，取得了良好的景观和生态效果。机场镇的生态护岸示范工程是我国首次对河道护岸进行生态修复并大规模改造，达到了国内领先和国际先进水平，其生态河道工程、重点河道生态系统修复和生态河道管理方案，可为上海河道整治和坡岸生态修复提供示范作用。镇江"863"课题在运粮河段应用了"景观型多级阶梯式人工湿地护岸"（图3-38）和"景观净污型混凝土组合砌块护岸"技术，取得了良好的效果。但该技术前期的投资成本比较高，推广应用有一定的局限性。

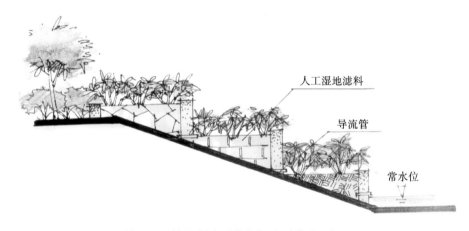

人工湿地滤料

导流管

常水位

图 3-38　景观型多级阶梯式人工湿地护岸示意图

　　江苏京杭大运河两淮段在防洪大堤高差较大的边坡采用空心砖护面，在内部裸露的土壤植草，以加强护坡能力，防止水土流失。这种形式的护岸在满足大运河航运功能的基础上，因地制宜地营造生态型水利工程景观，既节省了投资，又达到了生态环保的效果。2004 年初，浙江在湖嘉申线湖州段航道安丰塘桥建设工程进行了试验。透水性预制混凝土沉箱式护岸的主要特点是采用预制混凝土沉箱形成护岸墙体，箱内可填土绿化，强化护岸透水性，再造湿地环境，为动植物生长提供条件。挡墙迎水面设计镂空花纹，既美观又便于水中小生物依附，有利于小鱼、小虾的生存，并基本实现工厂化制作和机械化施工，提高了施工质量和速度。引入椰丝毯用于航道边坡防护，利用其透水、短期不腐蚀、长期可降解的特性，在保证岸坡透水性、抗冲刷的同时，为植物生长提供良好的环境，有利于水位变化段岸坡的植被覆盖。20 世纪 90 年代后期，北京在治理水系方面一改过去治河老方法，采用了治河新理念。如在怀柔区怀九河的一渡河段采用

1　胡海泓．生态型护岸及其应用前景［J］．广西水利水电，1999（4）：57-59，68.
2　陈海波．网格反滤生物组合护坡技术在引滦入唐工程中的应用［J］．中国农村水利水电，2001（8）：47-48.

抛石 + 植物生态护岸，四渡河段采用浆砌石 + 大块石 + 植物生态护岸，景观效果与生态效果都非常突出[1]。广州曾经在 2009 年至 2010 年投入巨资进行污水治理和河涌整治工程，然而根据 2013 年 6 月广州市环保局官网公布的 50 条（54 段）河涌 5 月份水质监测信息，中心城区 31 条河涌中仅有荔湾区的大沙河达标，没有出现"返黑返臭"的现象。究其原因，除了污染源的控制这条根本手段，最为重要的是大沙河拆除了河底硬化，在坡脚采用石笼、木桩或浆砌石块（设有鱼巢）等透水性硬质护脚，其上筑有一定坡度的土堤，斜坡种植植被，实行乔木、灌木、草本相结合的种植方式，并在河道多处人工培植了湿地。俞孔坚教授在广东中山岐江公园的护岸设计中使用了一种亲水生态护岸——栈桥式生态亲水护岸，实现了在水位变化较大的情况下，仍然具有亲近人、生态和美的效果[2]。

我国部分城市生态护岸的研究及部分实践工程见表 3-5 所示。

表 3-5　我国部分城市生态护岸工程实践一览表

工程	地点	时间	技术 / 做法	效果
张家浜	上海浦东新区	2003 年	—	上海首条生态景观河道，获得中国人居环境范例奖
畅塘港、八一河等	上海浦东新区机场镇	2004 年	拆除护坡，拆直取弯，从坡脚到坡顶将坡岸依次分成若干区域，不同类型的植被呈阶梯状生长	取得了良好的景观和生态效果，是我国首次对河道护岸进行生态修复并大规模改造的工程设计，达到国内领先和国际先进水平，可为上海河道整治和坡岸生态修复提供示范作用
章浜河整治	上海青浦区	—	多种生态护岸形式并举	取得了良好的社会效益和生态效益
运粮河段	镇江	2010 年	"景观型多级阶梯式人工湿地护岸和景观净污型混凝土组合砌块护岸"技术，同时沿护岸线设置亲水平台，以便人们随时都能够亲水	形成岸边多级人工湿地系统，美化了河道岸坡，呈现出阶梯式的绿色景观，但由于该技术前期的投资成本比较高，推广应用有一定的局限性
府南河护岸	成都	1992—1997 年	使河道断面复断面化，护岸采用包括坡脚护底、丁坝、石笼、一面坡填石笼在内的多自然化手段	为日本国际协力事业团在我国的示范工程，首次将日本等国家在河流环境生态保护方面的成功经验引入中国
漓江护岸工程	广西	1995 年	网笼或石笼结构的生态型护岸	接近自然生态，美化环境，符合漓江风景旅游区要求
京杭大运河两淮段生态护岸	江苏	2008 年	利用原本就生长茂盛的芦苇进行了生态护岸试验，在防洪大堤高差较大的边坡采用空心砖护面，在内部裸露的土壤植草	满足运河航运功能，因地制宜地营造了生态景观，既节省了投资，又达到了生态环保的效果

1　刘瑛，高甲荣，陈子珊，等.北京郊区两种生态护岸方式温湿度效应对比［J］.水土保持研究，2007，14（6）：219-222，226.

2　俞孔坚，胡海波，李健宏.水位多变情况下的亲水生态护岸设计——以中山岐江公园为例［J］.中国园林，2002，18（1）：37-38.

工程	地点	时间	技术/做法	效果
城区段航道整治	宿迁	2011年	低水位与常水位间滩面和水下边坡上种植2～5m宽的芦苇带，铺设块石护面；常水位以上用块石砌筑直立式低挡墙，挡墙较高时采用台阶式布置。河岸种植灌乔木，宽阔地带建设人造湿地，池塘种植水生植物以净化水质	通过人行道、景观桥、亲水平台等景观构筑物，构筑了一条滨河景观亲水走廊
湖嘉申线湖州段航道安丰塘桥建设工程	浙江湖州	2004年	透水性预制混凝土沉箱式护岸，用预制混凝土沉箱形成护岸墙体，箱内可填土绿化，强化护岸透水性，再造湿地环境	占地少、结构合理、工厂化制作，减少了石矿的开采量和矿产资源的消耗，充分体现了江南水乡的秀美，航道护岸整体感官效果有很大改善。有效保持、改善了航道沿岸的生态环境，社会经济和环境效益明显，在平原河网的航道建设中有良好的推广应用前景
浑河长青桥上游	沈阳	2007年	土工格室与土工三维网垫结合，混凝土构件、土工三维网垫、生态混凝土等10种结构形式组合	—
怀九河一渡河段	北京	2007年	抛石+植物护岸	恢复已经退化的生态系统，为我国其他城市近自然河溪治理提供参考
怀九河四渡河段			浆砌石+大块石+植物护岸	
布吉河铁路桥以下段、新洲河商报社段	深圳	1997年	直立式或阶梯直立式硬质护岸，在坡脚、岸堤顶上或者多级直立的中间平台地上以列植、混植形式种植亲水植物	布满硬化的直立墙，形成植物绿墙或花墙
新洲河、福田河整治工程			拆除硬质护岸，换以透水性石笼护岸，种植植物	使河流和周边环境有了动植物（包括人）的交流，成为真正的生态走廊
大沙河上游、观澜河清湖段综合整治工程			生态工程袋辅以种植土，种子和土混装入袋	在结构稳定的条件下产生良好的景观效果
大沙河	广州	2009年	拆除原有"三面光"硬质护岸，坡脚采用石笼、木桩或浆砌石块（设有鱼巢）等透水性硬质护脚，其上筑有一定坡度的土堤种植植被，实行乔木、灌木、草本植物的结合，固堤护岸	在保证水质好的基础上建设自然式护岸，使河流重新成为具有良好景观效果的生物廊道

表格来源：作者整理。

　　从上述国内城市护岸工程实践的探索我们可以看出，为满足排涝泄洪、水土保持、航运功能、水质改善、环境保护、生态恢复等诸多方面的需求，我国的湖泊及河流整治理念经历了从单纯注重水安全到水安全、水功能与水景观相结合，到注重生态修复等阶段，相应的整治技术也在不断发展和完善（表3-6）。

表3-6　不同阶段城市湖泊及河流的功能要求及整治技术一览表

阶段 （时代划分）	水安全阶段 （20世纪90年代以前）	水安全、水功能与水景观阶段 （20世纪90年代至21世纪初）	生态修复阶段 （21世纪初以来）
功能要求	泄洪、排涝、蓄水、航运	排涝、引清、景观、旅游、休闲	排涝、引清、景观、旅游、休闲、生态
整治技术	河床疏浚、护岸建设、裁弯取直	底泥疏浚、景观绿化、亲水护岸、园林小品	截污治污、底泥修复、河流形态恢复、生态护岸、水质修复、水资源调度、生物多样性保护

表格来源：根据季永兴等《上海多自然型河流整治实践与探索》修改。

三、硬质护岸材料及技术发展综述

（一）传统硬质护岸工程材料及技术

人类在治理水的长期实践中，不断探索着适合国情和当地自然条件的最佳材料和建造方式。传统护岸材料有土、石、竹、木、秸、草袋、麻绳等自然材料，自19世纪末期发展起来的混凝土材料由于一百多年来广泛被运用到护岸工程中，因此现在也被称为传统护岸材料了。

1. 石材护岸及工程技术

块石由于取材方便、易与自然融合等特点很早就被应用在护岸建造当中了，传统的利用石材的护岸技术有以下四种。

1）抛石护岸

抛石护岸是最常用的传统方法，具有抗冲击能力强和自我调整能力强的优点。石材来源广、价格便宜、施工简单，无论是新建还是加固均可采用。抛石护岸在长江中下游护岸工程中被广泛采用，通常通过机械或人工抛投块石，一般适用于坡度比为1∶5～1∶3的缓流水体。抛石护岸具有护岸材料容易抛投、维修要求低、便于修补、耐久性好等特点。它可随周边水文条件的变化而变位，在某种条件下可以抑制河床的下降，也可以促进砂石的淤积。抛石护岸与周边环境融合程度高，可以促进植物的生长，适用于河床宽浅、坡小流缓的砂质河床。抛石结合植物和码头等景观元素可以更加容易地创造出优美的滨水景观。石隙可作为天然鱼巢，为多种鱼类提供栖息和繁衍场所，也为水生植物提供生存空间，从而大大增加生物多样性。

2）砌石护岸

砌石护岸包括干砌块石护岸和浆砌块石护岸两类。

干砌块石护岸的砌石通常按单层铺放，构成相对光滑的上表面。砌石可以直接置于黏土边岸，也可以放在适当的垫层上，垫层的上表面应提供一个良好的建造面以便放置石块。当砌石成形后，所有的孔隙用砾石填充或是嵌入楔形石块。其粗糙的表面可以为微生物提供附着场所，石缝可以成为水生动植物的生存空间，应该说是与自然环境协调较好的护岸形式。这种形式的护岸最大特点是自然、朴素、有动感。平原河道由于防冲和管理上的需要，确需护岸的，建议首先选用干砌块石护岸。通过块石形态、形状的微妙变化，增强自然景观效果，也为生物栖息提供良好的环境。

浆砌块石护岸适用于岸坡较陡、冲刷较重的地段，一般采用直立式护岸的形式。在山溪性河流整治中，出于防洪、防冲需要，常采用浆砌块（条）石砌筑护岸。为尽量减少与自然环境的不协调，应控制浆砌块石砌筑表面积，一般砌筑至设计洪水位左右即可，设计洪水位以上部分可采用框格式护岸，框内嵌种植物。浆砌块石护岸应充分应用块石的肌理和色彩等效果，力求与自然环境相协调。

3）石笼护岸

石笼护岸是常用的传统结构，经常与抛石护脚结合使用，更能适应河床地形。石笼有竹笼、铅丝笼、木笼、钢筋笼等，其中钢筋笼效果最好。

石笼护岸可用于流速大于 6 m/s 的河流，然而由于石笼的空隙较大，如果只单纯地使用石笼，很容易形成植物无法生长的干燥贫瘠环境。因此为使植被尽快恢复，要给石笼覆土以填塞缝隙，最好采用松软且富含营养成分的表土，实现多年生草本植物自然恢复的目标。

4）柴枕护岸

柴枕护岸采用一定厚度梢料层或苇料层做外壳，内裹块石或填充泥土，外用铁丝束扎成圆形枕状物，每隔30～50 cm 捆扎一档，抛在岸坡枯水位以下护脚，上面加压枕石。枕石以上应接护坡石，柴枕外脚则宜抛置块石。长江中游荆江河段使用柴枕护岸较多，多用于滩岸抗冲击能力差、易发生大型窝崩的护岸段，特别是重点危险工段，先抛铺柴枕，再抛压枕石。此外，迎流顶冲、崩岸强度大、堤外滩较窄、河床抗冲击能力较弱的岸段也适合抛置柴枕。

2. 混凝土护岸及工程技术

1824 年，英国人阿斯普丁发明了水泥，带动了混凝土结构的发展，使土木工程进入了一个新的发展阶段。20 世纪混凝土、钢筋混凝土成为新的护岸材料广泛应用于世界各地的护岸工程建设之中。

1）现浇混凝土护岸

现浇混凝土是在现代城市河流护岸工程中经常使用的材料，常在干地条件下施工，造价高且景观效果单调，因此其应用区域需要考虑强度、稳定性和适应表面几何变形的能力。通常应用现浇混领土护岸的区域有需要长期使用和维护工作量最小的河流重要区段、交通区域、邻近水工构筑物的渐变段、暴雨排水渠道等。现浇混凝土不透水，需要采取合理的措施以应对地下水的影响，如用排水孔等。还应当注意，如果河床也是混凝土材料护面的，那么有可能因地下水压力而引起扬压力，致使现浇混凝土护岸面层断裂或上浮。因此混凝土面板的厚度需要考虑潜在的扬压力，按适宜的结构或使用要求来决定，即便荷载在规定范围内，为了防裂也常用钢丝网加强，一般最小厚度在 100～150 mm。坡度大于 1：1.5 的上部护岸需要用模板浇筑。

2）预制混凝土块护岸

预制混凝土块长期被用于城市河流护岸的重点保护地段，特别是港口和引航道。如果护岸工程附近缺少本地石块，就可以考虑利用预制混凝土块体来砌筑所需的刚性护岸。预制混凝土块一般是无筋的，最小厚度在 80～100 mm。其承受表面荷载的能力取决于基土的反作用——

基土的特性和层理的效能，在某种程度上还取决于混凝土块的细长度[1]。预制混凝土块常常灌注成底部比表面宽的形状，以便一块紧靠一块，并在表面保留灌浆槽。

预制混凝土块护岸常用人工安装而不是机械安装，除非水很浅，否则一般难以水下安装，故经常使用趾部保护结构辅助安装，如护脚、趾梁和趾桩等。预制混凝土块护岸需要定期检查，一旦发生位移等局部损坏就要及时修补，包括调整和更换预制块，灌注砾石、砂浆等，以免大的累积破坏。

（二）新材料、新技术

随着生态工程理念的发展，新型生态材料与技术层出不穷。但新材料本质上与传统护岸工程所用材料基本相同，只是力图避免不透水的硬质材料对生境的破坏。新型生态材料在弥补传统材料不能持久的缺点的同时，造价也相应升高，这为新材料、新技术的推广带来了阻力。因此，城市护岸工程的建设还是需要根据工程具体要求和社会、环境综合效益选择应用适宜的方法。

1. 土工合成材料

由于化工行业的蓬勃发展，高分子聚合材料如由聚丙烯、聚乙烯、聚酰胺、聚酯、高密度聚乙烯、聚氯乙烯等制成的土工合成材料和其他塑料产品在工程建设中得到了广泛应用[2]。目前在河流护岸工程景观中常用的土工合成材料有土工织物（包括非织造型和织造型）、土工膜等，主要用在防渗层、反滤层、排水层等起隔离作用的区域，还可用于护岸防冲与土体加筋加固等工程。由于此类材料坚韧耐磨、质轻抗腐、价格低廉且施工简便，因此已经成为护岸工程中很有发展前途和竞争能力的新型工程材料。

土工合成材料固土种植基可分为土工网垫固土种植基、土工格栅固土种植基、土工单元固土种植基等多种形式[3]。土工网垫固土种植基主要由聚丙烯等高分子材料制成的网垫和种植土、草籽等组成。固土网垫由多层非拉伸网和双向拉伸平面网组成，在多层网的交接点经热熔后粘接，形成稳定的空间网垫。该网垫质地疏松、柔韧，有合适的高度和空间，可充填并存储土壤和沙粒。植物的根系可以穿过网孔均衡生长，长成后的草皮可使网垫、草皮、泥土表层牢固地结合在一起。固土网垫一般可由人工铺设，植物种植一般采用草籽加水力喷草技术完成。土工材料护岸可用于水流速度大于 3 m/s 且小于 6 m/s 的河流，但一般不能用于河流的迎水面[4]。

2. 生态混凝土

生态混凝土即植被型混凝土，是由日本首先提出并在河道护岸方面进行应用的[5]。生态混凝土由多孔混凝土、保水材料、缓释肥料和表层土组成。多孔混凝土由粗骨料、水泥、适量的细沙和掺料组成。保水材料以有机质保水剂为主，并掺入无机保水剂混合使用，为植物提供必需的水分。表层土铺设于多孔混凝土表面，形成植被发芽空间，减少土中水分蒸发，提供植被发芽初期所需养分和防止草生长初期混凝土表面过热。生态混凝土具有生态环境功能优越、取材

1 细长度：最大平面尺寸与厚度的关系。
2 崔承章，熊治平.治河防洪工程 [M]. 北京：中国水利水电出版社，2004.
3 季永兴，刘水芹，张勇.城市河道整治中生态型护坡结构探讨 [J].水土保持研究，2001，8（4）：25-28.
4 黄奕龙.日本河流生态护岸技术及其对深圳的启示 [J].中国农村水利水电，2009（10）：106-108.
5 王文野，王德成.城市河道生态护坡技术的探讨 [J].吉林水利，2002（11）：24-26.

简单、施工简便、堤坡整齐美观、结构稳固、基本不需维护管理等优点[1]。植被型生态混凝土可耐受的流速为 4 m/s 左右。

3. 其他新材料、新技术

1）模袋混凝土

模袋混凝土用于护岸塑形和护岸维修，传统的是用麻袋填入混凝土，而现在一般都改用合成纤维纺织袋。其填充的混凝土混合物的强度由用途决定，一般会用强度较低的混合物。模袋混凝土材料对于河流护岸十分适用，尽管有一定的劳动强度，但不失为快速、易施工且易维护或修补的护岸材料。

模袋混凝土护岸最下面的袋子应置于水下的预挖槽中，以提高对坡趾的保护。它可以叠放约十层，因此可以构成较为陡的护岸，尤其是介于垂直和倾斜剖面之间的过渡水岸。模袋混凝土连续各排之间应有一定的接触面，一般不将其填满。填充袋常按照砌砖的方式以顺砖砌合铺放，开口端朝向下游，向下折叠并用下一个袋子的头部盖住。为了防止位移，可以用直径为 12 mm 的低碳钢钉每隔两袋钉住。

2）自嵌式植生挡土墙

自嵌式植生挡土墙是在干垒挡土墙基础上开发的一种新结构，能够满足生态护岸的功能要求，主要依靠自嵌式挡土块块体（图 3-39）、填土与加筋带连接构成的复合体自重来抵抗动静荷载，达到稳定的作用。这种新型柔性结构挡土墙广泛用于水利、交通、城市建设中，与传统的混凝土和浆砌块石挡土墙相比，其施工简单、美观、耐久。自嵌式植生挡土墙具有结构安全、施工简单、经济美观、生态环保等优点，有效解决了传统挡土墙造价高、外形单一等问题，为挡土结构向景观化、生态化发展提供了新的途径，具有广阔的应用前景。

图 3-39　自嵌式挡土块示意图

自嵌式植生挡土墙护岸是柔性结构：①对遇到的小规模基础沉陷或短暂的非常荷载具有较好的适应能力；②加筋土体内部对墙体的压力是由拉结网片的拉结能力、挡土块与拉结网片之间的连接力和块体之间的抗剪切能力来承担的；③每块墙体后缘槽口存在自然形成的 12° 坡度，

1　徐海波，宗瑞英.谈城市河道生态护坡技术［J］.工程建设与设计，2005（1）：57-60.

这使墙体重心偏内，增加其在土压力作用下的抗倾覆能力；④自嵌式植生挡土墙护岸采用墙面和墙趾同时排水的排水构造，水压力减小，墙体的整体稳定性得到了保证。

3）土壤固化技术

土壤固化技术是利用固化剂，采用建筑垃圾等材料形成固化桩，再与植被结合的一种新型生态护岸技术（图3-40）。固化桩护岸的土壤抗侵蚀能力较强，材料具有一定孔隙率，因此具有较好的水力通透性，其土壤湿度与裸露河岸基本一致，对植物根系生长无明显影响。而且该技术硬化快、干缩小，较为符合河流护岸的生态安全性要求。研究显示，土壤整体固化后，其表面抗剪切强度比裸露水岸增加了50倍，而土壤流失量仅为裸露水岸的5%[1]。固化技术与植被重建相结合，既可以满足水岸稳定性的要求，也有助于重建水岸生境。

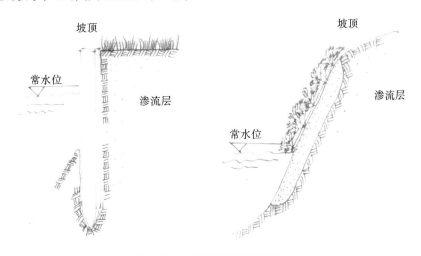

图3-40　土壤固化式护岸示意图

与传统的浆砌块石、干砌块石和混凝土护岸不同，无论是固化桩还是土壤整体固化都注重加强固化产品本身与护岸其他因素（如适于植物根系生长和水的通透等因素）的连通性。固化土壤既具有与混凝土近似的表面性能，又具有与天然土壤相似的松软下层，较好地协调了岸坡稳定对土体要求与植物生长对土体要求的矛盾，在保证河岸稳定的基础上，营造了护岸边坡的生物多样性，体现了自我设计、自我组织的生态工程原则[2]，不仅能确保岸坡稳定，还能为动植物，包括微生物创造良好的水岸生境。

土壤固化技术在国外较为广泛地应用于道路、土木建筑、水利等工程。我国是从20世纪80年代开始引进该技术的，但目前将该技术应用于河道生态护坡的研究及试验较少，仍有很大的发展前景。

1　付融冰，陈小华，罗启仕，等．固化技术在农村河道生态护岸中的应用［J］．应用生态学报，2008，19（8）：1823-1828.
2　MITTSCH W J，JORGENSEN S E. Ecological Engineering and Ecosystem Restoration[M].New York：John Wiley & Sons，2004.

（三）植物介入的城市硬质护岸材料及技术

1. 植物介入护岸工程的材料及技术

真正意义上健康的城市硬质护岸工程景观，是指在护岸边坡形态稳定的基础上，建立具有生境、开放的护岸景观生态系统，并确保该系统能够自我运行和自我修复。这就需要植物的介入，因为植物是组成生境的必要基础和元素之一，植物还是生态系统中的生产者、生态系统的"结构骨架"。而植物的时空结构往往对生态系统的形态结构起着决定性的作用，如果没有植物群落，动物就难以存在，更难以建立真正意义上健康的生态系统。因此，利用植物介入城市硬质护岸这个"无生命"的基底环境中，可以达到一种水体与岸体、水体与生物相互涵养，适合生物生长的仿自然状态，以此来创造及恢复生物栖息所必需的生境，从而大大提高硬质护岸工程的生态性、景观性，为建立稳定可靠的护岸景观、加强景观与生态系统及周边陆地环境的联系打下良好基础。

植物材料在护岸中的应用自古就相当广泛，这是由于其能够控制护岸被侵蚀的程度并给予人们环境和美学上的愉悦。

1）无生命植物护岸

由于人们对水的认识不断深入，护岸材料的使用也更加丰富。我国宋元时出现了使用已死的树枝、秸秆等捆扎而作为护岸的，这种手法在现代被称为"柴枕法"。

2）活体植物护岸

作为保护水岸不受侵蚀的优质材料，我国周代已有沟渠堤岸植树的制度。到隋炀帝时期，也曾沿汴渠、大运河岸边大规模种植榆柳。明代治河名臣刘天和总结了堤岸植柳的经验，将其归纳为"植柳六法"——卧柳、低柳、编柳、深柳、漫柳、高柳[1]。20世纪早期，用捆扎的树枝稳固斜坡的技术被用来控制黄河的洪水和坡岸侵蚀。

国外也有类似的记载，早在公元前28世纪，欧洲凯尔特人和伊里利来人采用柳枝编织篱笆的技术来进行水岸防护。在18—19世纪的西欧，该方法得到了广泛的应用。利用活体植被进行护岸建设，随着植物的生长可以形成保护层，不仅提高了土壤的抗剪强度，而且能减少水流对水岸的冲刷，当然其水土保持的功效还要取决于植物的种类和种植密度。

2. 灌木介入硬质护岸工程景观的特点

根据对传统及现代护岸材料、技术的梳理我们可以看到，其实城市护岸工程景观营建的材料和方法十分丰富，关键是要了解护岸工程所在地的特殊地理条件及功能要求，选择适合当地的材料和施工工艺，在保证安全的前提下，尽量综合地考虑护岸的生态及景观要求，这样将使城市硬质护岸工程景观大大改善成为可能。

植物中的灌木是指成熟植株在3 m以下的多年生木本植物，它们一般没有明显的主干，呈丛生状态。灌木是地面植被的主体，容易形成灌木林，加之许多灌木体型小巧，故适合作为园艺植物栽培。我国灌木树种资源丰富，有6000余种，所以非常适合用于园林景观的营建。

对于现有城市硬质护岸工程生态型景观营造来说，多见运用草本植物与之结合的范例，如植草砖、生态混凝土植草和混凝土框格植草等，尽管有一定的景观效果，但由于草本植物本身的生态性和景观性较为局限，很难形成稳定的植物群落。而灌木作为木本植物且体型较乔木小，

1　熊大桐. 中国林业科学技术史 [M]. 北京：中国林业出版社，1995.

作为河流护岸的适生植物，比草本植物具有相当大的优势：①灌木栽植前期，浇水保证成活，苗木荫蔽后，杂草难以生长，即使在旺盛的生长季节也不需要过多修剪，因此后期基本可以粗放管理；②灌木的根系比草本植物深，因此较草本植物耐旱，且抗病虫害能力较强，非常适宜种植于护岸水位时常变化、生长环境较瘠薄的区域；③灌木的分枝点低，主次枝干并不明显且多为较细的枝条，属于柔性植物，在水流作用下容易倒伏，因此其对水流的阻力较之乔木就小了很多，对护岸基底的扰动性也低于乔木；④灌木具有一定的高度，其下可以套种草本植物以形成立体植物群落，为小型动物的生存提供适当空间，这对于形成健康的生态系统非常重要；⑤灌木，特别是小型灌木的密集栽植对于护岸工程的景观效果明显且持久，土壤水肥不均造成的苗势强弱对整体效果影响不大。

基于灌木的以上特点，笔者提出应用适生的乡土灌木来介入硬质护岸基底，营造立体植物群落，在保证护岸安全稳定的基础上改善其工程景观效果。

第四章　城市湖泊及河流景观亲水性

第一节　城市湖泊及河流景观亲水性

　　陆地与水的关系通常被认为是对立的，而滨水地带则被认为是对立双方的界线。同时，由于生态和社会的多种因素，滨水区又是非常吸引人的。如果说早期人们亲近水体的目的是基于饮水、食品、运输、商业、工业等需求，那么现在人们渴望对于城市滨水区的亲近，则多来自城市水体是现代城市生活的三个支柱——地区、经济和环境的原因（图4-1）。正如Jane Jacobs 所指出的："滨水区不只是它本身的东西……它连接着其他别的每样东西。"[1]

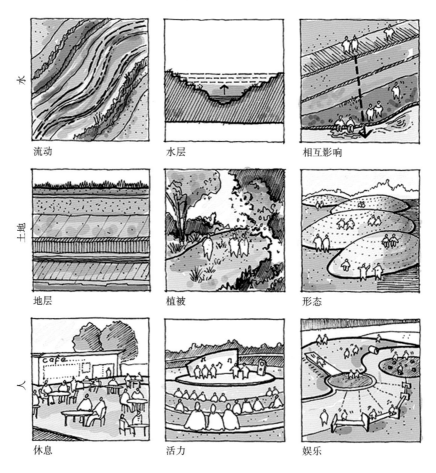

图 4-1　亲水性所代表的"人—土地—水"的相互关系

1　KRIEGER A.Remarking the Urban Waterfront［M］.Fort Lauderdale：ULI Press，2003.

城市湖泊及河流岸边作为重要的滨水区，是城市中可以将自然和文化相融合的最好的地区之一，它往往是城市最有活力的地区，具有体现演变中的自然景观和实现人类各种需求的潜在能力。城市湖泊及河流景观作为人类亲水性在城市环境中的物质体现场所，是一个复杂的综合体，它除了提供亲水的场所，还包含着人们通过使用这些亲水场所进行亲水活动，进而达到物质上和精神上亲水的双重要求的过程。在本书的研究中，笔者将城市湖泊及河流景观的亲水性概括为四个方面的内容。

一、可达性

可达性（accessibility）指的是人们到达滨水空间的方便程度，也就是湖泊及河流能从各个方向被人看到和靠近，这包括行动的可达性、视线的可达性（可视性）和心理的可达性（感受性）（图4-2）。

图4-2　城市湖泊景观的可达性（武汉东湖，2017年）

二、生态性

生态性（ecology）指的是城市湖泊及河流生态环境的质量，包括水质、水量、土壤、植被等生态环境要素的质量优劣。作为城市中典型的水陆交错带（ecotone），城市湖泊及河流景观是联系城市环境系统与自然原生系统的要素，保持该系统的丰富和强健是为城市湖泊及河流提供亲水可能性的基础。

三、参与性

参与性（participation）是指人们进行亲水活动的可能性高低（图4-3）。亲水活动有可能以几种形式发生，视觉上看到水，感受到自然水体的特征，如形态、颜色、肌理、流动等。当水面视野开阔时还可以感受到水面的平静、秀丽、清纯，进而感受到滨水景观的开放性和包容性。听觉上感受到水，因为水的流动而产生稳定、持续的背景音，掩盖了城市的喧嚣，净化了听觉空间，人就会感到与水的距离拉近了，水声能激起愉悦的感受、激发人们的想象，使人们对于滨水景观的体验更加亲切而丰富。触觉上要能碰到水，水的物理特性本身更能加深人们对于水的特性的感知，如水的凉爽、柔软、流动等能给人丰富且鲜明的触觉体验，这些对于评价滨水景观的亲水性建构成功与否是非常重要的标准。

图4-3　人对水的参与性（英国迪夫市 Rose Park，2009 年）

四、适用性

适用性（serviceability）指的是城市湖泊及河流的空间形态、驳岸形式、基础服务设施等满足亲水需求能力的高低。我们将适用性定义为在城市湖泊及河流空间中由自然环境与人工环境共同营造的能满足城市居民亲水心理需求的空间氛围，以及为市民提供各类亲水活动的空间场所的共同集合体（图4-4），它同样包含了物质供应和精神满足两个层次。本书所进行的城市湖泊及河流景观亲水性的研究与实践，可以极大地彰显城市湖泊及河流环境的美学价值、生态价值和社会价值，是实现人与自然和谐相处的重要手段。

图4-4　水上运动（英国温德米尔湖，2009年）

第二节　城市湖泊及河流景观亲水性的相关因子

本书旨在研究"人"与"湖泊"二者的关联性，并在此基础上对城市湖泊及河流景观的"亲水性"进行分析，归纳总结与湖泊及河流景观亲水性相关的因子，研究如何通过GIS技术对亲水性因子进行采集、整理、分析、建库。

一、自然因素

（一）水体

水体是城市湖泊及河流景观最重要的组成部分，它本身的特性和品质高低对城市湖泊及河流景观的质量及亲水性的实现有着重要的决定作用，因此，我们首先要对水体的物理特性进行深入的了解。

1. 水文

水文（hydrology）指的是自然界中存在的水及其变化、运动等各种涉水现象。水文学是研究地球大气层、地表及地壳内水的时空分布、运动和变化规律，以及水与环境相互作用的学科，属于地球物理科学范畴[1]。

湖泊水文学（lake hydrology）是水文学的一个分支，它研究湖泊水文现象和湖水资源利用，是一门基础性与应用性密切结合的学科[2]。湖泊水文学主要研究的内容有湖水的水量和水位、水质、运动、热动态、光学、声学、化学及湖泊沉积等。研究这些湖水的特质可以为水景、驳岸及植物等要素的设计和改造提供有效依据，进而影响水域及岸线的景观效果，以及动物、植物的分布状况，它们与城市湖泊景观建设有着非常重要的相关性。其中与本研究紧密相关的有以下要素。

1）湖泊水量与水位

在一定时段内出入湖泊的水量（water yield）不同会引起湖泊蓄水量的变化。入湖水量包括湖面降水量和入湖的地面、地下径流量；出湖水量包括湖面蒸发量，出湖的地面、地下径流量及工农业生产中自湖泊引水的量。湖泊的蓄水量变化直接反映在湖泊水位（water level）的升降上。在蓄水量不变的情况下，湖泊增减水和湖泊波漾等作用也会引起水位变化。反过来看，湖泊水位数据也是估算湖泊水量的依据。

在湖泊及河流城市景观亲水性的研究中，提取湖泊及河流水量与水位数据是前期必要的资料收集工作。首先，确定最高水位能够为湖泊及河流的堤岸设计提供依据，合适的堤岸高度应该尽量避免水位上涨给环湖交通系统、建筑群等带来的不便和灾害，同时为确定舒适又安全的亲水距离提供科学依据。其次，水位变化会影响湿地植被分布。因为水位的涨退受季节因素影响较大，可能会导致周期性洲滩的淹没和出露，进而形成植被纵向分布带，从而使生物多样性更加丰富，形成独具特色的湿地景观。这种层次丰富的湿地植被体现了生态景观的理念，对比轮廓分明的硬质岸线更加容易令人产生亲近感，吸引人们靠近湿地、游赏其中。

2）湖水运动

湖水运动（water movement）是湖水各种运动形式的总称。按照运动形式，湖水运动可分为进退运动和升降运动；按照发生规律，可分为周期性运动和非周期性运动。引起湖水运动的主要因素是风和水的密度差；此外，还受到湖泊水量、不同湖区的气压差异及地震、地壳运

1　水文基础知识一百问。
2　杨锡臣. 湖泊水文学［J］. 地球科学进展，1991，6（6）：60-61.

动的影响。湖水运动的研究对湖岸演变、泥沙运动及水生生物活动等有着重要影响，同时能为湖泊护岸工程设计提供资料。

在湖泊景观亲水性的研究中，提取相关的湖水运动资料也是前期重要的资料收集工作之一。首先，湖水运动的强度不仅与护岸高度有着正相关性，同时还提供了护岸的强度指标，在设计中可以根据这些资料选取护岸的材料和形式，而护岸的材料和形式会直接影响人们的亲水心理和亲水可达性。其次，湖水会在风力、气压等因素的影响下形成湖波，湖波时而平缓、时而起伏，会形成动人的湖光水景，吸引人们产生亲水的意愿，从而驻足观赏。

3）水质

水质（water quality）是水体质量的简称，是指水在环境作用下所表现出来的综合特征，它反映着水体的物理性质、化学成分及其组成的状况（图4-5）。自然界中的水是由各种物质所组成的极其复杂的综合体，水中含有的溶解物质直接影响天然水的许多性质，使水质有优劣之分。水的物理特性主要指水的温度、颜色、透明度、气味等；化学成分主要包括溶解和分散在天然水中的气体、离子、分子、胶体物质及悬浮质、微生物等。为评价水体的质量，国家制定了一系列水质参数和水质标准，对生活饮用水、工业用水和渔业用水等做出了明确规定。

图4-5　水质成为城市水景观亲水性的重要因素（德国慕尼黑，2016年）

湖泊及河流水质，即湖泊及河流水的物理、化学特性及其动态特征，其状况受许多因素的共同影响。从外部条件来看，影响因素主要包括气候、地质、补给水源的化学成分，以及径流流程中的岩石、植被、土壤条件等。如降水量和入湖径流量的不确定性造成了湖泊换流缓慢，从而在湖盆中停留时间长。相对于河水来说，湖水水质受气候条件的影响要显著得多。如在湿润地区，降水量和入湖河流的流入量多于湖面的蒸发量，造成湖泊溢流、湖水矿化度较低；而在干旱地区，蒸发量多于降水量和入湖河流的流入量，会聚积河流带入的化学成分，因而湖水的矿化度较高。

从内部条件来看，影响因素主要包括湖泊本身的形态、大小和湖内生物活动等。湖泊的大小对湖泊水质有着显著的影响：大的湖泊有较强的自我调节能力，因此当湖泊水体远大于入注河流水量的时候，湖水水质的季节性变化和年际变化均不显著。此外，湖内生物（包括微生物、浮游生物、底栖生物等）的生命活动也会对水质造成影响，如不同种类的水生植物腐烂分解后，有的会对水质有净化作用，有的却会导致水质变差。这些内部因素对湖泊水质，尤其是对湖泊水温、溶解气体和生物原生质的影响很大，这也是湖水水质区别于河水水质、地下水水质的主要特征。

在城市湖泊及河流景观设计中，水体作为景观组织的核心，对其进行净化和健康维护显得尤为重要。试想人们若是面对一片水质较差的湖面，浑浊的湖水、腥臭的死鱼甚至水面垃圾，自然会严重影响人们游赏的心情，大大降低亲水的行为动机，从而影响整个滨水景区的健康发展。相反，通过水环境保护和治理措施的有效推进，特别是针对工业污染水体、重金属污染水体、富营养化水体及饮用水水源水体等不同类型的污染水体研究出不同的净化方式，保证水质在良好的态势之下。当人们面对澄澈干净的水面时，湖光潋滟、水波微漾，湖中适量点缀的一些水生植物与生态型岸线上的植被相呼应，时而见飞鸟，时而闻鱼跃，人们处于此境当然会心旷神怡，也就自然而然地乐于近水、亲水。因此，水质是城市湖泊及河流景观亲水性研究中的一个重要因素。

2. 岸线

湖泊及河流岸线是滨水景观中处于水体和陆地交界处的边界地带，是城市景观中特色突出、自然生态密集、景观层次丰富的地带。

一般情况下，随着湖泊及河流年代增长，沿岸带会不断扩大（图4-6）。任何湖泊及河流的岸线都是风浪能量的承受者。湖泊及河流表面积和形态均会显著地影响风对波浪和水流强度的作用，并最终影响沉积物迁移运动的趋势。沉积物中的营养物质对于根生水生植物特别重要，大量研究表明，根生水生植物主要从沉积物中获得氮、磷。风浪对湖（河）湾的影响较小，这使得许多湖泊及河流能够形成更多的沿岸带面积，有利于水生植物在这些区域生长。因此，湖泊及河流形态可以看作是一个影响水生植物生长的综合因子[1]。

岸线曲折度（lakeshore sinuosity）是表示岸线曲折程度的尺度，为岸线的长度与轮廓折线长的比值。在湖泊及河流自然形成的原始状态下，曲折是岸线的基本属性。通常来讲，岸线越曲折多变，相对能够提供的沿岸带生境多样性越高，较容易形成湿地和滩涂，适宜沿岸带水生植物的生长。因此，岸线曲折度越高，生物多样性越好；同时，相应的沿岸带面积增加，湖泊

1 潘文斌，黎道丰，唐涛，等. 湖泊岸线分形特征及其生态学意义［J］. 生态学报，2003，23（12）：2728-2735.

图4-6　可以很好地融入自然的湖泊岸线（德国慕尼黑，2016年）

及河流的初级生产力也会提高。一段时间以来，为了给人类提供方便，如防止堤岸坍塌、利于航道稳定，甚至美化环境等，人们曾经大力提倡对岸线进行固化，致使岸线的自然属性遭到人为干预和破坏，由此带来一些鱼类产卵场被破坏、水质净化功能丧失等后果，非常不利于保持城市湖泊及河流的生物多样性。现在世界各国都在争取利用人工技术构建生态型岸线，这意味着更多地保留湖泊及河流岸线的自然原始形态，减少破坏。

（二）植被

植被（vegetation）是覆盖地表的植物群落的总称。在自然界中，植被是生物圈及其生态系统的核心功能部分，是生态系统存在的基础，也是连接土壤、大气和水分的自然纽带，具有改善气候、调节径流、保土固土、防沙治沙、美化环境等功能。植物的生长和分布因受到光照、温度和雨量等环境因素的影响，从而形成不同的植被类型（图4-7）。

植被在湖泊及河流景观中能够柔化并丰富滨水硬质建筑群的轮廓线，与水景相互呼应形成错落有致、步移景异的美丽风景，吸引人们游赏、驻足。在湖泊及河流景观设计中，植被扮演着不可或缺的重要角色，是一种柔和的软质景观。因此，收集并了解植被的相关数据，对于湖泊及河流景观亲水性的研究有着十分重要的意义。

图 4-7　自然植被覆盖岸线（英国卡迪夫，2023 年）

1. 植被覆盖面积

植被覆盖面积（vegetation coverage）指的是统计区内植被（包括叶、茎、枝）在地面的垂直投影面积。这里需要与"植被覆盖度"（vegetation fraction）的概念相比较，植被覆盖度是一个程度概念，指的是植被（包括叶、茎、枝）在地面的垂直投影面积占统计区总面积的百分比，这个数值已有较为科学的测量方法，对山坡进行植被覆盖面积测量时，应该采用垂直于坡面的角度，而不是简单取用垂直向下的投影。

植被覆盖面积是综合量化植被状况的重要参数之一。地表植被覆盖面积及其变化状态（数值）的获取是探析地表植被变化规律、分析变化成因、分析评价区域生态系统环境变化规律的基础。因此，植被覆盖面积能够反映一个区域环境内的植被变化和生态系统变化状况。

在湖泊及河流景观区，植被覆盖面积有着更为重要的意义。一方面植被覆盖面积是衡量区域地表植被状况的一个最重要的指标，植被覆盖丰富，会维系区域的生态平衡，有利于恢复被破坏的生态系统，同时美化环境，使人产生亲近自然的心理意愿。因此，我们需以植被覆盖面积作为了解该区域景观环境现状的重要指导。而另一方面，植被覆盖面积又是影响土壤侵蚀与水土流失的主要因子。植被通过枝干、根系的网络作用可以增加土壤强度，同时截留降雨、减弱溅蚀，保证土壤、边坡的稳固性，起到抗蚀固坡的作用，保证了人们亲水行为的安全性，对于湖泊及河流景观的亲水性研究有着重要意义（图 4-8）。

图 4-8　植物完全覆盖的城市河流岸线（英国卡迪夫市中心塔夫河，2023 年）

2. 生物多样性

生物多样性（biodiversity）是指在一定时间和一定地区内，所有生物物种及其遗传变异和生态系统的复杂性综合（图 4-9）。它包括遗传多样性、物种多样性、生态系统多样性和景观多样性四个层次。

植物多样性是指以植物为主要研究对象的生物多样性研究，实际上是研究由植物单体、植物与环境等植物与环境各要素之间的复合形态及相关生态过程的结合体。目前，国内对于植物多样性的研究主要包括对植物物种多样性的统计、植物保护体系、植物区域系别特征、特有资源性植物、植物群落特征以及植物生活类型组成等方面。在城市湖泊及河流景观亲水性的研究中，我们将植物分为乔木层、灌木层、草本层三个层次进行研究，主要采集物种丰富度、物种均匀度及物种多样性指数作为植物多样性指标，对湖泊及河流景观区域原生态结构中的植物多样性进行计算、处理和分析。

1）物种丰富度指数

物种丰富度（species richness）指数是衡量生物多样性高低的常用指数，是通过对一定调查区域范围内物种数目的测定来表达物种的丰富程度，是对范围内实际物种数目的测量。简单来说就是群落中物种数目的多少。

图 4-9　生物多样性（英国剑桥市康河，2023 年）

2）物种多样性指数

物种多样性（species diversity）指数是把物种丰富度和重要值结合的函数，是反映个体密度、群落类型、种类数量等情况的指标。

3）物种均匀度指数

物种均匀度（species evenness）指数也是衡量生物多样性高低的常用指数之一，它指的是一个群落或环境中的全部物种个体数目的分配状况。物种均匀度是对不同物种在数量上接近程度的衡量，反映的是一定调查区域范围内物种数量的均匀程度。其中，多度性指数是指单位面积或单位空间内某种植物的个体数，通常以计数的方法测定。

（三）地形

1. 坡度

坡度（gradient）是地表单元陡缓的程度，是土地资源固有的环境因子之一，对土地利用和土地承载力有直接作用。坡度对土地利用方向和利用方式起着决定性作用，同时也对景观格局的形成有着重要影响。

对于本研究来讲，坡度的分级应该建立在其与人类亲水活动的关系基础之上，既结合研究区域的具体地形现状来体现城市湖泊及河流景观的地形特征，又能符合人的亲水行为规律，为较科学的依据。通常可以将岸线划分为平缓地、缓坡地、斜坡地、陡坡地四个大类（图4-10）。

图4-10　护岸边坡

　　平缓地，地势平坦，水土流失微弱。在平缓地进行活动，人们会十分轻松，因此亲水活动的舒适感较高，且具有较高的安全性。岸线平缓地适宜设置亲水平台或小型广场，周围可适当种植一些小型灌木或草本植物，以保证视野的开敞。

　　缓坡地，有小幅坡度，但水的侵蚀作用和水土流失并不强烈。在缓坡地进行活动与在平缓地相比较，较容易产生疲累感，但有一定的舒适性和安全性，不易出现造成严重伤害的事件。岸线的缓坡地可以供人行走、漫步，适宜设置游步道；植被可选择乔木、灌木、草搭配，并考虑一定的季相、色彩因素，营造出步移景异的景观效果。

　　斜坡地，坡度增大，水的侵蚀作用较为强烈，水土流失较为严重。

　　陡坡地，随着坡度变大，雨水冲刷加剧、侵蚀作用强烈、水土流失严重。

　　斜坡地与陡坡地这两种类型的坡地都不适宜进行亲水活动，但可适当根据实地情况设置一些观水、听水的空间，从心理上制造亲水的感受。

2. 坡向

坡向（aspect）是坡面法线在水平面上的投影的方向。坡向也是土地资源固有的环境因子之一。坡向对生物生长有着极大的影响，向光坡和背光坡之间温度或植被的差异常常是很大的。就北半球而言，在辐射吸收上，南坡最多，其次为东南坡和西南坡，再次为东坡与西坡，以及东北坡和西北坡，最少为北坡。因此，南坡最为暖和，而北坡最为寒冷，同一高度的极端温差达 3 ～ 4 ℃。东坡与西坡的温度差异在南坡与北坡之间。坡向对降水的影响也很明显，一山之隔，降水量可相差几倍。来自西南的暖湿气流在南北或偏南北走向山脉的西坡和西南坡形成大量降水；东南暖湿气流在东坡和东南坡造成丰富的降水。

这种坡向差别造成的岸线环境差异对亲水景观的营造具有极大的指导意义，如像武汉这种冬冷夏热地区，南岸和北岸的边坡建设形式需要重点考虑冬季防风、夏季遮阳，否则岸线的使用率会急剧下降。

（四）气象资料

1. 天气

天气（weather）是指距离地表较近的大气层在短时间内的具体状态。而天气现象则是指发生在大气中的各种自然现象，即某瞬时内大气中各种气象要素空间分布的综合表现。天气系统通常是指引起天气变化和气象要素分布变化的高压、低压和高压脊、低压槽等具有典型特征的大气运动系统。各种天气系统都具有一定的空间尺度和时间尺度，而且各种尺度系统间相互交织、相互作用。天气很大程度地影响了人们的出行活动。我们针对人类活动，将天气分为以下三类进行分析。

1）晴天

晴天（sunny），即天空中无云或少云。人们倾向于在温和而晴朗的天气出行，明媚的阳光使人身心舒适，对人们外出游玩有很强的引导作用。如欧美等高纬度国家，每当晴天，人们都蜂拥到室外享受难得的阳光，其中开敞草坪和水边更是首选的场所（图 4-11）。但是低纬度地区酷暑天灼热的阳光又会使人产生不舒适的感受，甚至可能会被晒伤或者中暑等，这些地方的室外景观就需要重点考虑遮阴、降温的设计，如滨水区丰富的植被和亭廊等构筑物可以给人们提供避暑乘凉之所，因此好的亲水环境设计能够消解不利因素，聚集人群进行交流、散步、观景等休闲活动。

2）风

风（wind），指的是由空气流动引起的一种自然现象，它是由太阳辐射热引起的。太阳光照射在地球表面上，使地表温度升高，地表的空气受热膨胀变轻而往上升，低温的冷空气横向流入，上升的空气因逐渐冷却而变重而降落，由于地表温度较高，又会加热空气使之上升，这种空气的流动就产生了风。

滨水景观区域通风条件良好时，水域与陆域之间会因温差形成特有的"水陆风"。水陆风发生在水陆交界地带，是以 24 h 为周期的一种大气局地环流。夏天的天气炎热，白天的水陆风由水域吹向陆地，穿过树木，给人以清凉、湿润的舒适感觉（图 4-12）。为了感受水陆风，人们往往喜欢在清晨和傍晚靠近水边，进行亲水活动；同时，夏天的水陆风也为城市带来了凉爽而清新的空气，有利于缓解城市的热岛效应。但是在冬天，天气较为寒冷，水陆风更会使温度

图 4-11　城市湖泊（英国伦敦海德公园，2023 年）

图 4-12　水陆风

降低，给人们带来身体上的不适，因此，冬天过冷的风会受人排斥，人们往往会因为水陆风寒冷而避免去水边。

因此，我们需要收集相应的气候资料，了解一年中每个月的风向和风的强度、夏季和冬季的主导风风向等。在夏季的主导风风向上设置开阔的草地或活动空间，有利于形成凉爽的水陆风，并引导风吹向城市；在冬季的主导风风向上设置针叶树林、挡风墙或构筑物以达到防风、抗寒的作用，保证亲水人群的活跃度。

3）雨、雪、雾

雨（rain）是从云中降落的水滴。雪（snow）是空气中的水蒸气凝结再落下的自然现象，只会在 0 ℃以下的温度及温带气旋的影响下才会出现（图 4-13）。雾（fog）是在接近地面的空气中，水蒸气凝结成的悬浮的微小水滴，使能见度下降。

图 4-13　雪中的城市水域景观（德国慕尼黑英国公园，2013 年）

雨、雪、雾这类天气对人们的亲水行为有着较大的阻抑作用，尤其是在比较恶劣的情况下。首先，这类天气给交通带来不便。因为滨水景观区多为开放性的城市公共空间，在这种天气下，城市交通会受到一定程度的影响，人们难以自由地到处走动，也不易到达水边进行亲水活动。其次，这类天气对环境设施的舒适性、安全性造成一定的影响。场地设施如栏杆、座椅等在雨雪天气都使人难以靠近，且无法使用；降雨和降雪会使地面变得湿滑，下雾更是会影响人的视线，很容易引起事故；降雨会引起水位的上涨，再加上人们的手中必须拿雨具，往往使得人们的亲水行为在安全性和方便性上都大打折扣。但无论如何，这些天气也有其自身的景观魅力，尤其是在滨水景观区，如果运用得当，这些天气也能和水域相映衬，形成独特的观赏景观，正所谓"水光潋滟晴方好，山色空蒙雨亦奇"。

除了这些最为常见的天气现象，还有霜、雷、闪、雹、霾等天气现象。因此，在进行城市湖泊及河流景观亲水性调研时，我们需要调查该区域的气候资料，了解该区域长期以来的天气状况，在之后的设计中将各种天气因素考虑进去。首先，在滨水区内，需建造具有挡风、避雨等功能，同时又能保证观景视线的构筑物；其次，从生态的角度入手，充分利用大灌木、乔木等植被的庇荫作用，给人提供阴凉的休憩地点；最后，在岸线设置亲水步道，充分利用湖泊及河流本身对气温的调节作用，增加人们的亲水舒适度。

2. 时段

时段（time）表示客观物质运动的两个不同状态（即动与静）之间所经历的时间历程。时段以时间粒度单位进行度量，通常采用的时间粒度单位是天、周、旬、月、季和年等[1]。

在滨水景观设计中，需要考虑到时段的影响。在这里，时段通常细化到以小时为单位，研究一天 24 h 内的变化，研究人们在不同时段的作息习惯、亲水行为及动机。这主要体现在两个方面：一方面是人体生物钟的调节作用，另一方面是光线的变化。

首先，亲水行为受人们作息规律的影响。在人体生物钟的调节作用下，一天里人的情绪状态一直处于变化之中，由此而形成的活动规律也随之变化。而且不同人群在一天中的活动规律也不同，如对于大多数白天工作的人群来说，只有在傍晚甚至夜晚才有闲暇时间，而老人在清晨和傍晚的户外活动比较频繁。随着时段的不同，城市滨水绿地中的人无论在数量还是人群构成上都有很大的变化。笔者曾对武汉市沙湖公园滨湖绿地进行观察，结果显示，早上以附近晨练的居民为主，上午 8 点以后人数变少，滨湖景观区中的使用者主要以游人和过路人为主，而到了傍晚的时候，滨湖景观区中的人又开始多起来，人群中有放学的学生、下班的上班族、拖家带口来此散步的人等。天逐渐变黑后，公园中的路灯开始亮起来，滨湖景观区中的人群构成又发生了变化，主要以年轻人或情侣为主。

3. 小气候

小气候（microclimate）指的是因下垫面性质不同或人类和生物的活动所形成的小范围内的气候。这里的下垫面，即与大气下层直接接触的地球表面，包括地形、地质、土壤、河流和植被等，是影响气候的重要因素之一。在一个地区内，无论是水域、山地、建筑还是园林都要受到该地区气候条件的影响，但由于小地形、小水面、小植被等不同的状况，使热量和水分收支不一致，加之受人的活动影响，从而形成地面大气层中局部地段特有的气候状况。较为准确的区域小气候数据需通过多年的观测积累获得[2]。小气候中的温度、湿度、光照、通风等条件，直接影响动植物的生命活动以及人类的生活环境等的改变，因此对城市湖泊及河流景观亲水性的设计至关重要。

1　盛起.城市滨河绿地的亲水性设计研究［D］.北京：北京林业大学，2009.
2　陈伯超.景观设计学［M］.武汉：华中科技大学出版社，2010.

二、人工因素

（一）设施

1. 休息设施

休息设施（leisure facilities）主要是指景观场所中的各种坐具，它为人们使用城市滨水景观环境做了铺垫和准备。因此，各种坐具的设计在整个城市湖泊及河流景观亲水性设计中占有极其重要的地位。

2. 卫生设施

卫生设施（sanitary facilities）是人们在公共场所中进行室外活动时的必需设施，常见的公共卫生设施主要有垃圾箱和厕所。垃圾箱主要是在公共场合为了保护环境、维持环境的整洁干净而设置的。而厕所则是任何一处城市公共环境中都不可缺少的设施，厕所的建设水平极大地反映了一个城市的文明程度和其景观环境的品质，我们在进行城市湖泊及河流景观亲水性设计的时候，不能忽略对这些人的基本需求的满足。

3. 健身设施

随着全民健身活动（physical exercising）的展开，在城市开放空间适当设置健身器材，不但可以方便人们锻炼身体，还可以吸引人们参与室外活动、体验环境空间。这一方式同样适宜于刺激人们对城市湖泊及河流景观的亲近和使用，健身器材的设置要与滨水景观场地的大小相适度，还要与周围的环境功能相称[1]。

4. 服务设施

有人的地方就有对服务设施（service facilities）的需求，如小的售货亭、咖啡吧、停车场等。这些设施方便人们使用环境空间，留人驻足、消磨时间的设施无疑会对城市湖泊及河流景观亲水性的需求给予极大的鼓舞和帮助，良好的使用体验更可以吸引人们再次到访湖泊及河流景观，从而增强其使用频率，促进其良性发展。

（二）交通

交通（transportation）是由人们的社会生产活动和社会生活活动产生的。广义地讲，是人、物、信息以某种确定的目标，按照一定的方式，通过一定的空间所进行的流动。在交通运输领域，则通常指人和物的流动，即采用一定的方式，在一定的设施条件下，完成一定的运输任务。

城市道路交通系统由城市道路网、城市道路网辅助设施（公共停车场和加油站）以及以城市道路网为基础的公共汽车、无轨电车、小汽车、卡车、非机动车、步行等道路交通组成。对于城市湖泊及河流景观区来讲，城市道路交通系统的任务是将人流顺利、便捷、安全地输送到景区。

与城市湖泊及河流景观亲水性更为密切的是景区的内部交通，包括主干道、次干道和游步道等。

1　牛建忠. 石家庄环城水系生态环境设施研究［D］. 石家庄：河北科技大学，2012.

1. 主干道

主干道是通向各个景区、主要景点、主体建筑和滨水游憩场所的道路，起到划分景区功能区间的作用，一般宽度是 3 ～ 6 m。

2. 次干道

次主干道是景区内联系各景点的道路，是主干道的辅助道路，一般宽度是 2 ～ 3 m。

3. 游步道

游步道是景区内供游客步行、休憩的道路，引导游客深入到达滨水景区的各个角落，多曲折婉转、迂回分布（图 4-14）。单人行走的游步道宽度为 0.6 ～ 1 m，双人行走的游步道宽度一般为 1.2 ～ 1.5 m。

图 4-14　游步道在城市滨水景观中具有重要的功能属性（英国伦敦海德公园，2009 年）

作为城市湖泊及河流景观区重要的交通组成部分，各种道路系统是引领游憩者深入游览和体验湖泊及河流景观的重要载体。在湖泊及河流景观亲水区内，道路系统不仅具有引领和疏导游憩者的功能，还具备空间组织、景观构成等其他功能。在空间组织方面，主、次干道将整个亲水区的空间划分成为功能各异又相互补充的功能区间。同时，景区内的游步道又将各景区和景点有机地串联起来，组建成主次分明、跌宕起伏的景观序列，在游人面前依次展开，使游人沿着道路系统设定的路线慢步行走，深入岸边进行亲水活动，从而获得全身心的享受。在景观构成方面，道路系统也可作为亲水景观的一部分，在丰富区域景观内容方面扮演非常重要的角色。特别是游走于婉转曲折的路线，缤纷各异的色彩、丰富的铺装形式和图案等与景区内其他景观要素相互结合，共同构成一组完整且优美的城市湖泊及河流景观。

在亲水活动方面，道路系统可以提供更多亲水方式的选择。如可以在亲水区内设置沿水岸的慢跑道，在草地或滨水缓坡区设置自行车道等（图4-15），人们可以一边进行户外运动和休闲活动，一边呼吸新鲜空气、观赏清澈水景，道路本身就为游憩者提供了一种良好的亲水体验。

图 4-15　沿着城市湖泊的自行车道（德国慕尼黑奥林匹克公园，2016 年）

（三）空间

对城市湖泊及河流景观的亲水性体现最为明显的区域就是水陆交界的岸线地带，而岸线形态则以狭长的线状空间和带状空间为主。这两种空间都具备狭长的特征，有着明显的（面向水体的）内聚性和方向性。水岸景观区的线状空间多由周边建筑群或绿化带组合形成连续的、较为封闭的向水侧界面。这种空间环境具有一定的私密性，可以减少人与城市之间的距离，同时也可以缩短人与水之间的距离，面对水体很容易给人一种亲切、平静的感觉，使身在其中的人们能获得心理上的安全感。

带状空间与线状空间相比更加宽敞，且具有一定的长度。城市水岸景观的带状空间具有一定的流动性、开放性和双栖性。首先，水岸景观的带状空间结合了原有生态环境的自然形态，将水系的流质性与人的活动性融合起来，是具有"流动"特征的一个时空概念。其流动性特征体现在水岸景观具有一定的空间连续性，在视野范围内障碍物较少，容易让人形成视觉上的流动和延续感，引导人们往水际线或道路的两端移动。其次，城市湖泊及河流是任何公民都有权利用和享用的自然财富，因此水岸空间具有明显的公共属性，但水岸空间的开放程度和亲水性则由水至陆依次减弱。水岸景观带是湖泊及河流生态系统和陆地生态系统的交界处，其原生态结构受到"水"和"陆"两种生态系统的共同影响，或者包含陆域、水域和湿地三种复合形态，因此具有双栖性的特点，是建设亲水景观的绝佳选址。

（四）周边用地

城市用地（land use）可以分为居住用地、公共管理与公共服务设施用地、商业服务业设施用地、工业用地、物流仓储用地、道路与交通设施用地、公用设施用地、绿地与广场用地等。城市湖泊及河流景观周边地域用地性质的不同对亲水景观的使用有着极大的影响，因为亲水功能的主要服务对象是人，周边不同的城市用地性质会对滨水景观空间的人群结构和使用习惯产生很大的影响[1]。

例如，对于周边是居住区的城市湖泊及河流景观来说，适用人群以居民为主，特别是老人和儿童，并且其使用频率较高、规律性较强，如老人的晨练、孩子饭后的玩耍等，因此对于城市湖泊及河流景观亲水性的要求是更加亲民。如果城市湖泊及河流周边以商业区为主，则景观需要承载大量的人流活动，因此如何通过交通的便捷组织缩短这些人与城市湖泊及河流景观的距离，提高滨水开放空间可达性[2]是一个关键的问题。而且还要提供足够的开放空间场所，如广场等，为较大的人流服务。城市道路、交通设施等用地对城市湖泊及河流景观亲水性的影响是比较大的，需要根据其具体特征为亲水景观的营造提供最大的便利。

（五）护岸

木以克土，水以生木，水为木之母，土为木之父，天然的湖泊及河流岸边往往是长有大量植物的。然而现代城市硬质护岸的表面却是寸草不生，以"无植物生长"作为工程的要点。客观来看，植被的存在对于护岸来说的确有利有弊，而在当今生态思想日益深入人心的时代，如何兴利除弊，将适生植物合理地应用于城市硬质护岸工程景观建设之中，就成为各国学者和建设者必须面对的极具挑战性的课题。要达到以上目的，对于本研究来讲是要搞清楚灌木介入对硬质护岸工程景观的影响，包括对行洪能力的影响、对护岸基底稳定性的影响、对水流廊道生态环境及对护岸景观的积极或消极性影响，下一章将对此问题进行详细研究。

1　盛起.城市滨河绿地的亲水性设计研究［D］.北京：北京林业大学，2009.
2　李金花.山地城市滨水开放空间可达性研究初探［D］.重庆：重庆大学，2009.

第五章　城市硬质护岸工程景观的生态优化

第一节　植物介入城市硬质护岸工程景观的影响

一、植物介入硬质护岸对基底稳定的影响

（一）影响护岸安全稳定性的因素

不论何种材料和结构形式的护岸工程都是自然环境的一部分，必须清楚地理解影响现有护岸稳定性的因素，或者那些可能影响护岸稳定性的因素，才能进行护岸景观设计的研究与改进，并按照环境和工程观点就设计的有效性作出正确判断。

植物生长对护岸稳定性的影响要求考虑四方面的因素：一是要保证足够的行洪断面，降低洪水位，满足防洪要求；二是要考虑岸坡的稳定需要，可采用圆弧滑动法进行稳定计算；三是要考虑植物栽培技术的要求；四是要考虑土地的节约利用。

护岸安全稳定性所遭受的威胁主要来自五个方面，即河水漫堤（图5-1）、河岸决堤（图

图 5-1　河水漫堤（英国剑桥市康河，2023 年 10 月）

5-2）、河水渗流（图 5-2）、护岸侵蚀（图 5-3）、岸体滑坡（图 5-4）。而以上影响护岸安全的问题多数属于护岸结构稳定性的问题。

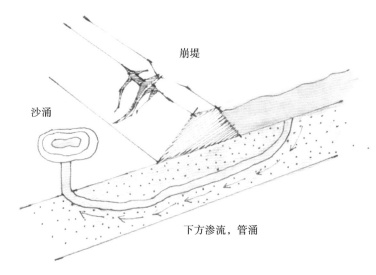

图 5-2　河岸决堤和河水渗流示意图

图 5-3　护岸侵蚀示意图

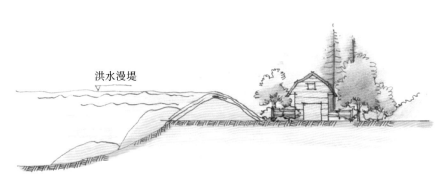

图 5-4　岸体滑坡示意图

以上问题无论对于土堤还是工程堤都是必须严肃对待的。因此当我们研究利用植物介入硬质护岸方法来改善护岸工程景观时，应该考虑植物对上述护堤稳定性将会产生的影响，如果盲目引入植物而不考虑其给护岸带来的安全隐患，无疑是得不偿失、本末倒置的做法。

（二）植物对河流硬质护岸基底的影响

植物介入的硬质护岸基底可以分为两种形式：①无孔隙护岸基底，是全硬质界面封闭结构（如浆砌石、浆砌混凝土预制块）的护岸，而所谓植物介入只是植物自上而下或自下而上匍匐其上来遮挡护岸，植物根系并没有真的扎入护岸界面；②多孔隙护岸基底，由结构（如混凝土植草砖、生态混凝土等）组成，植物根系深入孔隙内部，从而与硬质岸体结合，形成生态硬质护岸（图 5-5）。

当护岸并非是单纯裸露的硬质界面而是有植物覆盖时，无疑会改变护岸硬质基底本身的性质，进而对护岸的稳定性产生影响。

1. 植物对硬质护岸基底的积极性影响

植物对硬质护岸基底的积极性影响可从水文机制和植物机制两方面进行讨论。

1）水文机制

护岸植物本身可以截留雨水，增加入渗率、减少护岸表面径流，植物的根系和枝干可以增加护岸界面的粗糙度，使得护岸基底在多孔隙界面情况下的入渗率增大。如此就可以涵养水源、疏导水分及促进蒸发，可以降低土壤含水量与孔隙水压力，即有助于减轻护岸内部土壤自重，增进边坡的稳定性。覆盖在地表的植被和积聚在此层的枯枝落叶本身具有一定的持水能力，同时，地表植被、枯枝落叶层的存在提高了岸体表面的糙率，从而减少地表径流量，保护护岸坡面，减少面蚀和沟蚀的影响。

2）植物机制

一般认为植物根系具有"深根锚固、浅根加筋"的作用，对保持边坡稳定具有较为重要的作用[1]。对于土堤来讲，植物的根系具有明显的补强作用[2]，可以增加护岸土壤凝聚力，提高岸体的抗剪强度，与直根相比，斜根对岸体的加强作用更大，且根的数量越多，土体的黏聚力、内摩擦角越大[3]。植物护坡中根对土体抗剪强度的贡献依赖于根本身的平均抗拉强度、剪切面上所有发挥作用的根系总截面面积、根与剪切面的夹角、剪切面上发挥作用的根的数量。

研究显示，植物根系对河流护岸基底边坡稳定性的影响程度与根的直径、长度以及根的延伸方向密切相关。首先，植物根必须穿过边坡的可能滑移面，最理想的情况是能伸进基质的裂隙中（现浇混凝土护岸厚度为 25～30 cm，浆砌块石厚度为 35～50 cm），这样才能起到桩与锚杆的作用（图 5-6），将土层的剪切转换成植物根的拉伸。植物根系的长度一般在几米范围以内（木本植物根系长度大于草本植物根系长度），故许多工程实践表明植物根系可发挥明显的固坡作用。

1　杨永兵，施斌，杨卫东，等.边坡治理中的植物固坡法［J］.水文地质工程地质，2002，29（1）：64-67.
2　张俊斌.多孔性护岸工程之植物根力研究［J］.水土保持研究，2007，14（3）：144-146.
3　江锋，张俊云.植物根系与边坡土体间的力学特性研究［J］.地质灾害与环境保护，2008，19（1）：57-61.

图 5-5　武汉市东西湖区泾河白马泵站段植草砖护岸（2011 年）

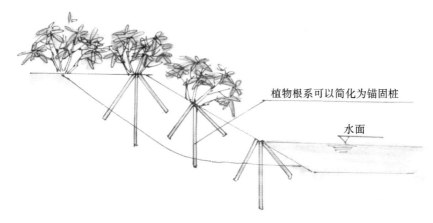

图5-6 植物根系的锚固作用示意图

当岸体受到剪应力作用时，岸体对剪应力增大所产生的阻力被称为抗剪强度。护岸的物理性质对岸体的抗剪强度影响很大，护岸的抗剪强度与岸体的基质组成、容重、含水率等因素密切相关。植物根系的参与能明显地改善河流硬质护岸基质的物理性质，因而可以大大增强岸体的抗剪强度。代全厚、张力等人通过对嫩江大堤护坡植物根系及土壤抗冲、抗蚀及抗剪强度的测定分析，发现同一地段土壤的抗冲、抗蚀指数及抗剪强度均是表土层大于底土层，这是因为植物根系有较强的固持土壤功能，土壤稳定性与植物根量关系密切，根量大，土壤抗剪强度就大。从以上分析可以看出，在研究植物根系固坡的力学作用时，两个最重要的参数是岸体中根的分布规律和根的抗拉强度，两者决定了岸体抗剪强度的增加程度。

植物根系的锚定、扶壁、网结及固土作用对于多孔隙性质的硬质护岸（如混凝土植草砖、生态混凝土等）基底同样适用，在护岸较低时，植物根系可以透过硬质护岸面层的孔隙垂直深入护岸内部，故可以加强护岸的稳定性，对此类硬质护岸基底产生物理支持的效果（图5-7）。

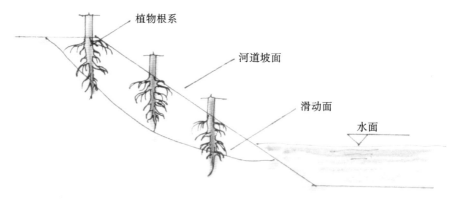

图5-7 植物根系的抗滑作用示意图

2. 植物对硬质护岸基底的消极性影响

1）植物自重的影响

研究显示，多孔隙硬质基底生态护岸技术中植物的护岸作用是受限制的：当护岸较高时，由于植物根系不能深入护岸堤脚，植物（特别是较为高大的植物）自重会增加土壤的正向力，当洪水来临时，可能增加岸体滑坡的风险，从而增加护岸的不稳定性。

2）植物风动的影响

护岸植物会将风的作用力传递于硬质基底，扰动基底结构，从而降低边坡稳定性。

3）植物根系特性的影响

一般情况下，植物的品种、类别和岸体所含根系的数量不同，对岸体抗剪强度的影响也不同，从而对边坡稳定性的影响程度也就各异。草本植物的根系一般为直径小于 1 mm 的须根，且总根数的 90% 集中在 0 ～ 30 cm 的岸体内，而在 30 ～ 70 cm 岸体内的根数只占到总根数的 8%，70 cm 以上深度的岸体内根数仅占到总根数的 2% 左右。

木本植物的根系按其形态特征不同可以分成三个类型，即主直根系、散生根系和水平根系。主直根系的主根发达，较各级侧根粗而长，垂直向下生长，一般入基质深度可达 3 ～ 6 m；散生根系没有明显的主根，而是有若干支原生和次生的根，大致以根颈为中心向地下各个方向作辐射状发展，并且由此扩展呈网状结构；水平根系由水平方向伸展的固定根繁多的链状细根群所组成，其主根不发达，侧根发达，并向四周发展，长度远超过主根，根系一般分布在 20 ～ 30 cm 的岸体表层基质中。

植物根系的物质成分以纤维素为主，力学作用表现为抗拉性。植物根部在一般情况下为了摄取养分会向地生长，这本身可以锚固岸体，是有利于护岸稳定的。但是在洪水来临或者水流湍急的情况下，根与土之间的摩擦阻力可将在水流作用下植物地上部分受到的根拔力传递到护岸本身，并转换成对于护岸的剪应力，造成护岸面层的侧向位移、变形，从而对护岸硬质基底产生侧向、顺水流方向的破坏。

对于植被护岸中"根—土"相互作用对坡体抗剪强度的影响，应从植物根系的力学特性及根土相互作用的力学机制入手，确立植物根系的材料属性（软、硬）及"根—土"作用过程中根和土各自发挥作用的时间及变形、破坏过程，进而建立力学模型来计算植物根系对岸体抗剪强度的贡献值[1]。

4）植物根系膨胀的影响

植物根系膨胀对硬质基底的破坏是多向的。草本植物的根系以须根为主，分布于土体浅层，对边坡岩土体的加固作用相对较微弱，更多地表现为坡面防护及水土保持作用，而木本植物根系中的木质素含量高于草本植物。大多研究在建立植物护坡力学模型时，都将草本植物根系和木本植物侧根考虑为柔性材料，木本植物主根对岩土体的作用考虑为类似锚杆的锚固作用。木本植物根系在护岸岸体中生长时，根的增长、增粗、生长、膨胀，会促使护岸变形、崩裂，故在选取根系发达且强度高的护岸植物时，需要考虑部分木本植物根系抗剪强度远远高于岸体本身的抗剪强度，因为当这些木本植物根系还未发挥抗剪作用时，其根部生长就会致使岸体先变形、破坏，故需慎重考察和选择介入硬质护岸基底的植物种类。

1　言志信，曹小红，张刘平，等 . 植物护坡的力学机制分析［J］. 铁道建筑，2011（4）：92–94.

二、植物介入硬质护岸对河流生态环境的影响

（一）缓冲过滤，净化水质

大量研究发现，护岸植被在缓冲过滤、净化水质方面具有重要的作用。尤其是城市硬质护岸工程景观所在的区域往往是城市中心区或者人口密集的区域，大量重金属污染等面源污染物通过雨水径流直接排入水体，严重污染了水质，使得水质性缺水问题在我国大部分地区都十分严重。

生长在护岸部分的植物可以通过过滤、渗透、吸收、滞留、沉积等作用使从陆地流向河流的污染物毒性得到减弱或污染程度降低，进而影响水中的泥沙、化学物质、营养元素等的含量和时空分布，有利于提高水域生态环境的质量。据 Peter John 和 Correll 的研究显示，护岸植被可滞留 89 % 的氮和 80% 的磷。另有研究表明，护岸的植被对污染物的平均去除率约为悬浮固体物 70%，重金属 20% ～ 50%，营养盐 10% ～ 30%。护岸植物中的水生植物，如菖蒲、芦苇、菰等，既能从水中吸收无机盐类营养物，吸附重金属和一些有毒物质，其舒展而庞大的根系还是大量微生物以生物膜形式附着的良好介质，有利于净化水质。

（二）提高生物多样性，调节小气候

城市硬质护岸工程景观作为生态环境治理的重要组成部分之一，其目的不应仅仅为防洪固堤等，现代城市护岸工程景观的营建，需要突破以防洪除害为唯一目的的历史范畴，具备更广泛、更完整的内涵。

人们是作为被自然邀请的客人来访问自然的，因此不应该随心所欲地改变自然。那些迫不得已的针对自然的改变则应停留在最小限度以内。已经改变的场所要以其他形式进行修补，让自然尽可能地恢复原貌，甚至要设法创造自然。只有这样，人与自然才能和谐相处，共存共荣。

目前的城市河道渠化、硬质护岸工程常常使得湖泊及河流形状雷同、僵硬，水流形态单一，这样的城市湖泊及河流生态系统只能是贫乏而不稳定的。护岸带是典型的水陆交错带，具有明显的边缘效应，是植物种源（基因库）、野生动物及微生物重要的栖息地，因为水岸能够为各种生物提供食物、水分、隐蔽场所等所有生存必需的条件，故许多动物的整个生命过程都是在护岸带附近完成的，而对于其他生物来讲，护岸带也是其生命周期中不可或缺的重要一环。研究指出，在美国加利福尼亚州，25% 的哺乳动物、80% 的两栖动物和 40% 的爬虫类动物都生活在水体附近的缓冲带中，并且这里也是 140 多种鸟类的天堂。在干旱地区，依赖护岸带湿润条件生存的物种比例更高，因此，护岸植被有助于生态修复，为恢复生物多样性奠定基础。一个水陆多生物共生的生态系统不仅可以改善生物栖息条件，还能提高水质的自然净化能力，从而建立稳定、健康的生态系统。

如果我们在构建城市硬质护岸工程景观时，注意岸线形态曲折多样、构造材料的多孔隙性，适当加入灌木等植物群落的营造，就可能把水体与堤岸连成一体，构成一个完整的河流生态系统，为水生、两栖类及陆生动物创造丰富多样的栖息、繁殖和避难场所。

在炎热的夏季，护岸的茂密植被可以降低直射到水面的太阳辐射，从而使水体保持在一个较低的温度。而水边的大树就像一把把遮阳伞，绿地就像空调，吸收太阳辐射，经过水面的蒸

发降低环境温度，调节小气候，为人类提供舒适的生活休闲环境。

三、植物介入硬质护岸对护岸景观的影响

如果将植物介入城市硬质护岸工程中，无疑将会对护岸景观的提升产生巨大的影响。

（一）柔化护岸，美化景观

工业革命以来的两百多年间，人类走入高能物理的金属时代，特别是 20 世纪以来，大规模金属骨架的建材充斥着人类生存的土地，城市的自然风光越来越难寻觅。城市护岸地带作为城市景观的重要轴线，是城市景观风貌重要的体现因素。以灌木介入城市硬质护岸景观可以改变钢筋混凝土和浆砌混凝土块、浆砌石块等护岸的僵硬、单调景象，柔化人工机械护岸景观（图5-8）。

图 5-8　武汉长江某段被植物柔化的城市河流硬质护岸

恢复自然和绿色的护岸能拥有健康的植物群落，形成多样的植被景观，不但可以为生物提供栖息地，还可为户外休闲、健身、旅游等提供不可或缺的场地，增添人与自然和谐相处的机会。

沿水丰富多彩的植物令人赏心悦目，给人们带来美好的视觉享受。

（二）增加城市景观亲水性

人类自古以来就有亲水的特性，"上善若水""仁者乐山，智者乐水"等古语就是人们爱水、亲水的有力佐证。每个依水而建的城市都有其丰富的历史传承和独特的历史文脉，城市风貌不仅体现在自然环境的独特上，城市生活的场景也是其不可或缺的组成部分之一。城市护岸景观作为城市开放空间，是人们理想的休闲游憩场所之一，它体现着整个城市的集体记忆，具有独特的地方性与历史文脉（见图5-9、图5-10）。

乡土灌木由于其丰富的品种、强劲的长势，在世界各国水岸复杂甚至贫瘠的生境下都可以顽强生长。本书即基于乡土灌木的以上特征，寻求依托灌木在城市硬质护岸基底上重塑植物群落，为改善城市硬质护岸的景观面貌、显示当地景观特色、凸显城市文脉及提高景观的亲水性提供有益的尝试。

图5-9　湖北宜昌的河流护岸

图 5-10　英国小镇纽波特的河流护岸

第二节　适宜介入城市硬质护岸基底的灌木研究

　　灌木作为介入城市硬质护岸基底的重要植物材料，具有非常独特的性质：①资源丰富，资料显示，我国的灌木有 6000 余种；②近地生长，灌木作为地面植被的主体，形体比较矮小，从近地面的地方就开始丛生出横生的枝干，分枝多，枝叶量大；③由于灌木是木本植物，其抗病虫害、抗旱能力都比草本植物较强。以上特点使得灌木成为适宜介入城市硬质护岸工程景观营造的植物类型。

一、介入城市硬质护岸的不同类型植物的功能

　　不同的植物类型对护岸的影响不同（表 5-1），例如，灌木、乔木等木本植物对稳固水岸、抵御洪水的作用大于草本植物；而草本植物在过滤沉淀物和营养物质、净化水质等方面的作用则更加明显。因此根据不同植物的不同功能进行配置是建设城市硬质护岸工程生态型景观成败的关键因素之一。

表 5-1　不同植物的功能对比一览表

作用	草本植物	藤本植物	灌木	乔木
稳固护岸、抵御洪水	低	低	高	高
过滤作用、净化水质	高	高	中	低
改善生物栖息地	低	中	中	中
视觉景观效果	低	中	中	高

二、适宜介入城市硬质护岸灌木的选择

筛选适生灌木是城市硬质护岸工程生态景观建设的基础，其成功具有决定性的影响。因地制宜，利用乡土灌木，注意植物的结构和层次性，通过适当比例的灌木、草本植物等多种类型植物的搭配组成多样性的植物群落，考虑后期管理的低需求和经济的高性价比，这些是我们选择介入城市硬质护岸的植物时需要考虑的原则。

另外，硬质护岸适宜灌木生长区域的有效宽度、灌木的柔韧度、种植密度以及自我设计能力等也是影响护岸灌木植被群落稳定性的关键因素，需要加以考虑。

（一）适宜介入城市硬质护岸灌木的遴选原则

1. 适宜的柔韧度

研究发现，当水流过生长着植物的护岸界面时，水流的结构会改变，其阻力特性与植物的柔韧性有一定的关系。当水流流经柔性植物时，植物会沿流向发生弯曲和摆动现象。Ree 和 Palmer[1] 指出，植物被淹没弯曲后，看上去就像用梳子梳理过一样整齐，因此水流流经柔性植物的渠道实际上就是一个动边界问题。植物弯曲时，边界的糙率降低了很多。植物抗弯曲的程度取决于相互之间的柔韧度和密度，同时植物对水流的阻力决定了其弯曲量。因此水流和植物的柔韧度是决定特定植物对水流阻力的主要参数。

为了避免灌木阻流及被水流连根拔起引发岸体局部破坏损毁，应选择灌木的茎秆和枝条比较柔韧的"柔性植物"，如南川柳、常春藤等。但是对于怎样的柔韧性对于硬质护岸基底是适宜的，其定量标准还未见研究成果，有待进一步探索。

2. 以乡土灌木为主

乡土灌木是指那些硬质护岸工程所在地固有的、自然分布于本地的灌木种类。护岸植物作为生产者，是滨水生态系统的基础，不同地区的水系具有不同的地质构造、水文条件、环境条件和生物种群，介入本地硬质护岸的灌木选取需要遵循其自然规律，适合当地的气候条件、土壤条件，且所选灌木应该生长迅速、繁殖能力强、管理简单。乡土灌木与外来物种相比，更能适应当地的气候、水土等，而且病虫害较少，后期维护成本较低。因此护岸工程附近及同一水系特有的灌木种类对于适宜介入的植物选择范围具有很好的参考价值和指导作用。

1　REE W O, PALMER V J. Flow of Water in Channels Protected by Vegetative Lining ［J］.Technical Bulletins, 1949.

另外，乡土灌木还能够代表当地的植被文化并体现地域风情。例如，在位于长江中游的武汉市，红檵木、南天竹等就是非常具有长江流域地域特色的植物，当人们看这些乡土灌木景观时，不由得体会到一种江南水乡的美。因此，适时适地地选择乡土灌木，对于突出地方特色、营建具有独特文化内涵的护岸景观具有不可替代的作用。

要达到合理利用乡土灌木的目的，必须通过认真调查目标护岸附近及其小流域范围内的灌木，建立乡土灌木档案，并了解哪些是适应该环境的优势种，才能做到合理选用耐水湿且固土能力强的乡土品种。灌木群落的配置也应以乡土灌木群落的结构作为参考。护岸灌木植被中乡土品种越多，护岸看上去就越接近自然状态，其生态功能也就越强。

3. 经济性

采用乡土灌木介入城市硬质护岸景观的营造，不但具有改善环境、恢复生态、有利于水体健康等优点，还具有降低工程投资、增加经济收益的优势。因为很多灌木具有经济价值，如药用植物、茶用植物、饲料植物，甚至果源植物。对于景观上没有特殊要求的硬质护岸工程景观，如果可以适当选择种植这些能产生经济效益的植物，不但可以减少工程投入及后期维护费用，还可以增加经济收益，这样工程总造价就可以降低，并且有可持续发展的潜力。

4. 生态优先

对于城市湖泊及河流，植物可以提供保持水土、缓冲过滤、净化水质、改善环境等生态功能，这对恢复受损的城市水系统，保持水系健康、可持续地发展，为城市人民提供安全保障和生态支撑是十分重要的。因此在植物的美化景观、生态塑造、经济产出等诸多功能中，对于城市硬质护岸景观的建设来讲，应该首先考虑的还是其生态功能。

（二）适宜介入城市硬质护岸灌木的选择要点

不同类型、不同功能、不同坡位的硬质护岸可选择应用的灌木种类有所不同，各有特点。

1. 不同类型硬质护岸的灌木选择

①山区城市硬质护岸。山区城市水系的特点是坡降大、流速快、洪水位高、水位变幅大、冲刷力强、岸坡砾石多、土壤贫瘠且保水性差等。针对此类硬质护岸和水文的特点，应该选择耐贫瘠、抗冲刷的灌木品种，如美丽胡枝子、硕苞蔷薇等。还应注意选择根系发达但主根不粗壮的灌木，以免粗壮的主根过快生长或枯死对护岸、挡水墙的稳定与安全产生威胁（图5-11）。

②平原城市硬质护岸。平原城市水系一般具有坡降小、汛期高水位持续时间长、水流缓慢、水质较差、岸坡陡峭等特点。对于有通航功能的河道，船行波对护岸的淘刷作用也很强，河岸较易崩塌。因此这类城市的护岸应该选择耐水淹能力强的灌木，如小叶蚊母树、水杨梅、彩叶杞柳等。

2. 不同功能硬质护岸的灌木选择

一般来说，城市湖泊及河流具有行洪排涝、交通航运、灌溉供水、生态景观等功能，而且很多情况下这些功能是兼而有之的。为了使城市硬质护岸工程景观的建设达到预期的目标，我们应该根据目标水体的主导功能，采取差异化的植物选择来适应它们。

图 5-11　粗壮的主根会对河流护岸基底产生扰动（德国科隆，2012 年）

①对于以行洪排涝功能为主的城市滨水硬质护岸，在设计洪水位之下选择灌木时，应该以不阻碍河道行洪、不影响水流速度、抗冲性强的中小型灌木为主。而且为了避免植物阻流及被水流连根拔起，引起岸体局部破坏损毁，应选择植物的茎秆和枝条比较柔韧的柔性灌木，也就是低矮的灌木，如南天竹、芙蓉、迎春花、连翘、南川柳等。

②对于以生态景观功能为主的城市滨水硬质护岸，在保证植物对城市硬质护岸的安全稳定不产生影响、对生态系统的恢复有较好作用的同时，应该选取一些具有观赏性的灌木以增强护岸的景观效果。独特的灌木用来塑造城市护岸，往往会形成意想不到的美的景观，同时增加景观的亲水性。

3. 不同坡位硬质护岸的灌木选择

护岸的植物配置需要适应水位变化的要求，因为水位的变化对植物的生长会产生直接的作用，影响到植物种类的选择和群落的构建，以及植物群落在护岸的分布，从而影响植物介入城市硬质护岸措施的效果。

我们将城市硬质护岸工程景观营造的植物选择区域，根据护岸坡面所处的不同水位区域分为三类，即常水区、水位变化区和无水区。常水区是指枯水位及以下区域，由于常年浸泡在水下，处于靠近水际线的岸坡位置，需要考虑船行波和风浪流水的侵蚀，因此往往采用长根系、耐水性好、对水质有一定净化作用的水生植物，如芦苇、水葱、茭白等。水位变化区受丰水期与枯水期的交替作用，从枯水位到洪水位是水位变化最大的区域，也是受风浪淘蚀最严重的区域，因此在常水位以下部分的岸坡可采用水生植物护坡，可以对船行波和风浪流水起到缓冲作用。在常水位与洪水位之间的植物，需要考虑坡面雨水的冲刷，并兼顾短时间行洪时的水流冲击，因此可选择深根类且耐淹的灌木或半灌木、藤本植物，如灌木柳、沙棘等，采用灌木结合草本植物的方式进行景观营造。无水区是指洪水位到坡顶之间的区域，由于长期处于洪水位线以上，该区域几乎很少被水侵蚀，植被的主要作用是减少降雨对坡面的冲刷及美化环境等，因此要考虑耐旱的植物种类并与景观规划结合起来，可选择一些观赏性强同时又耐旱、耐碱性的植物，如百喜草、狗牙根、苜蓿等。同时，这个区域还应该根据具体情况尽量使用乔木、灌木、草本植物结合的立体绿化，并充分考察、使用乡土植物，因地制宜地营造优质景观，增加景观亲水性。

第三节　灌木介入的城市硬质护岸工程景观营建

随着可持续发展越来越受到重视和人们的生态安全意识不断增强，以及城市人民对景观亲水性的需求越来越强烈，如何改善城市硬质护岸的景观状态已受到社会各界的普遍关注。因此，研究和开发应用既符合水利工程安全要求，又可改善景观质量的城市硬质护岸景观营建方法和技术，就成为护岸建设所面临的关键课题。植物措施是城市护岸工程生态型景观建设的重要技术手段之一，应用乡土灌木介入护岸硬质基底，除了需要认真研究灌木可以介入的硬质护岸范围、护岸形式，还需要找到适合推广使用的灌木种类及探寻具体合适的介入方式，在保证硬质护岸安全稳定的前提下，最大限度地修复受损的城市硬质护岸景观环境。

一、灌木介入的城市硬质护岸范围

城市中的湖泊及河流往往被密集的建筑等所包围，这些区域的护岸是以防洪为主要目的的浆砌混凝土或块石护岸，尽管近年来越来越多的城市硬质护岸设计施工提出要更多地考虑景观和生态的要求，但鲜少有真正做到的硬质护岸工程景观案例。因为利用植物介入城市河流硬质护岸基底的方法存在很多局限性，在设计中首先应该厘清适宜植物生长的硬质护岸范围，客观地平衡工程安全与生态景观效益之间的矛盾，避免矫枉过正的做法，以免给人民的生命财产造成无法挽回的损失。

（一）灌木介入城市硬质护岸的水平范围

根据湖泊及河流在城市空间区域的不同，可以获得不同的水文特性与护岸的特殊功能要求，这些因素对于从护岸区域的小环境出发选择适当的灌木介入范围是非常有必要的。

很多在湖泊及河流周边建设的城市，尤其是横跨江河两岸的城市，一般会选择在河道最狭窄处建城，故城市郊区的河段相对于城市中心区河段来讲水面会较为开阔，河势也较为蜿蜒曲折，自然度也高（图5-12）。

图5-12　意大利佛罗伦萨城市郊区的自然河流护岸（2009年）

因此城市郊区河段是非常适合采取"灌硬"结合的方法进行景观营建的，这将增加硬质护岸的透水性，给它较多的呼吸空间（图5-13）。

图 5-13　德国科隆城市郊区的人工河流护岸（2012 年）

城市中心区是人口密集区，也常是河流最狭窄、水流最湍急之处，人工环境对河流的胁迫性较强，河流空间较为局促，因此护岸经常以硬质垂直挡土墙或陡峭的驳岸形式出现（图5-14、图5-15），即便是斜坡护岸，一般坡度也较大，安全要求非常高。

在这类区域进行灌木介入的硬质护岸工程景观营建会受更多条件限制，如护岸被混凝土板或板桩固定、护岸处于河流顶冲部位等，因此这类区域被大家公认为是不适宜进行植物介入的地段。然而作为负责任的景观设计师，可以根据具体情况加以适当的设计和改善。如可以在这样的护岸顶端设置种植筐以栽种垂吊植物，或在护岸底部种植攀爬类植物来覆盖坚硬的混凝土岸体（图5-16），以此增强景观和生态效果。在护岸顶部（堤顶）较宽的情况下，还可以种植乔木以形成林荫道，为硬质护岸撒下浓厚的绿荫，增添生机和活力（图5-17）。

（二）灌木介入城市硬质护岸的垂直范围

城市湖泊及河流水位的周期性涨落是最基本的水文特征之一，在一年之中不同的季节会因降水量变化而呈现出丰水期与枯水期交替出现的现象，水位也随之涨落，在岸边形成消落带[1]。这个区域处于水生生态系统和陆生生态系统交替控制的过渡地带，是一种复杂的生物地理带，其生境条件对于植物来说较为恶劣，适生植物较少，因此给灌木介入城市硬质护岸带来了非常大的影响。

图5-14　意大利佛罗伦萨城市中心区的河流硬质护岸（2009年）

1　郭泉水，洪明，康义，等.消落带适生植物研究进展［J］.世界林业研究，2010，23（4）：14-20.

图 5-15　法国巴黎城市中心区的河流硬质护岸（2012 年）

图 5-16　英国纽波特攀爬着常春藤的河流硬质护岸（2011 年）

图 5-17　高大的乔木为流经罗马市区的台伯河河岸撒下一片绿荫（2009 年）

　　如上所述，护岸的不同垂直空间区域受水位变化影响所造成的水流侵蚀状况和机理明显不同[1]：护岸上部处于堤岸区，表面受水冲蚀较为轻缓且时间短暂（只在汛期有此可能），但是护岸边坡的深层滑动多始于此区域；护岸中部受雨水冲刷、水流侵蚀的影响较为严重，而且时间也较长，植物对于水流和岸体的影响在这个部分也最为明显；护岸下部接近枯水位，岸脚区受水流冲刷和水位波动侵蚀影响时间是最长的。为了合理地选取进行灌木介入硬质护岸工程景观建设的区域，本书将河流护岸层位分为三个区段，即堤岸区、护岸区、岸脚区（图 5-18）。

　　尽管堤岸区是受水位影响最小的区域，较少受到水流的干扰，但同时这里的水工构筑物（如硬质堤坝、挡水墙、驳岸等）往往也是洪水来袭时城市最后的防线，因此其安全要求也是最高的，需谨慎施工，以避免溃坝等情况的发生。这里不适宜种植会破坏硬质基底的界面种植植物，而应以常青藤、地锦等攀缘植物自坡顶向下悬垂（图 5-19），或者从坡底向上攀缘，进行垂直绿化。对于有条件的硬质堤坝、挡水墙和陡坡驳岸等硬质界面，还可以运用向上、向下同时绿化的方式，一般经 2 ~ 3 年即可覆盖整个硬质护岸界面，既可以遮挡水泥等硬质界面，增强景观效果，同时又不影响护岸的安全稳定性。

1　高鹏. 植物固土护坡机理及其在河道护坡工程中的应用 [D]. 扬州：扬州大学，2007.

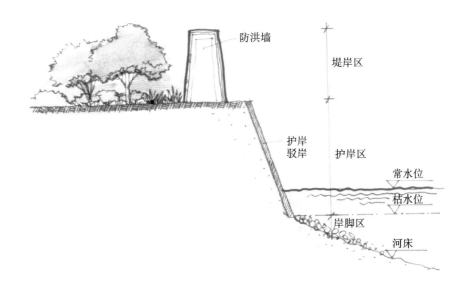

图 5-18 岸坡空间垂直分区示意图

图 5-19 垂吊植物遮挡混凝土驳岸

护岸区通常处于枯水位与洪水位之间,会周期性地受河水涨落的影响。护岸区多为斜面而且面积较大,适合根据坡度的不同种植除乔木外的其他低矮植物——上部以灌木为主,为掺杂草本植物的植物小群落;下部则应调整比例,逐步过渡到以草本植物为主的植物群落(图5-20)。这一区域对护岸的稳定性也有举足轻重的影响,故应该谨慎运用多孔隙性基底种植灌木等植物,必要时在多孔隙基底下层衬垫不透水垫层以保证护岸的稳定性。例如,在浆砌石护坡或者混凝土护坡上喷吹含有保水材料和草籽的"土壤",这样就会形成一层自然的草皮,没人会想到草皮下是混凝土护岸(图5-21)。

图 5-20　护岸模式示意图

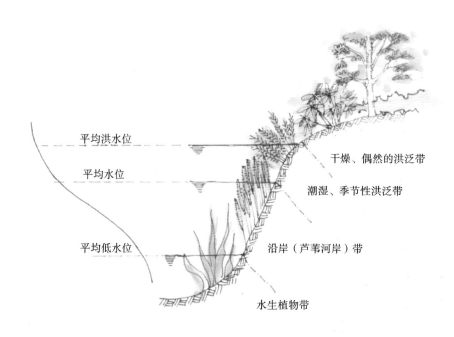

图 5-21　河流护岸植物的分层与水位关系示意图

二、灌木介入不同类型城市硬质护岸的方法及效果

植物生长离不开土壤和水分，故灌木介入城市硬质护岸工程的类型，特别是其透水性和孔隙度的高低就成为影响灌木成活率的关键因素之一（图5-22）。因此，针对不同类型的城市硬质护岸，灌木介入的方式必然有所不同。

图5-22　不同类型的护岸：多孔隙（右侧）护岸与无孔隙（左侧）护岸

（图片来源：台湾水环境研究中心，http：//www.cc.ntut.edu.tw/~wwwwec/eco-engineering/eco_material.htm）

（一）多孔隙护岸

要达到植物生长的要求，理想的护岸类型是多孔隙护岸，因其具有一定的透水性，故植物生长所必需的水分和养分得以较好地流通。通常我们所指的多孔隙护岸包括用干砌的方法铺砌块石或用混凝土预制块、抛掷块石、石笼等硬质材料建造的护岸类型。用这些方法营建的河流硬质护岸并没有将护岸界面封闭起来，而是在块材间留下了很多缝隙，这些缝隙既可以填土作为植物生长的基质，又可以为鱼类等近岸生物及微生物提供栖息的场所，故生态效果与景观效果都非常好（图5-23）。

1. 干砌石护岸

与浆砌护岸不同，干砌石护岸虽同样是运用块石或者混凝土预制块来构筑河流硬质护岸，

但块体间只是依靠重力并置或叠加在一起，砌筑块体之间没有任何填充物，这些大大小小的缝隙就给植物生长留下了可能的空间（图 5-24）。

图 5-23　南非开普敦的石笼护岸（2012 年）

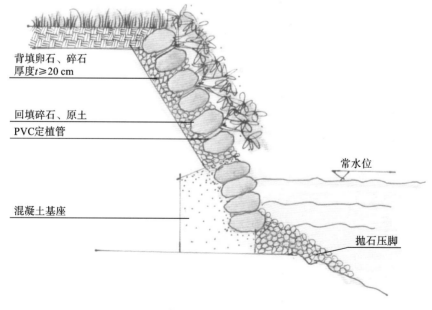

图 5-24　灌木介入的干砌石护岸示意图

2. 石笼护岸

石笼护岸很少用于长江这样的大型河流，但其本身在护岸塑形上有较大的优势，因此可以考虑用在中小型河流或者河流的平缓河段。石笼护岸可以用来塑造湖泊及河流中的岛屿，形成自然或者几何形的护岸界面，再适当考虑覆土种植（图5-25）。石笼护岸往往在护岸的近自然改造方面取得不菲的成绩，现在是广泛应用于世界各国城市湖泊及河流护岸工程景观营造的一个重要方法。

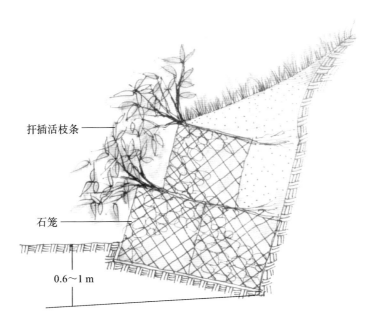

扦插活枝条

石笼

0.6～1 m

图5-25　灌木介入石笼的护岸示意图

3. 混凝土框格护岸

混凝土框格护岸是目前国内比较常用的城市生态护岸类型之一。对于城市中安全等级要求不是很高的中小型湖泊及河流，可以利用混凝土框格为土质堤岸加筋，再在框格中种植植物，其生态效果与护岸稳定效果均较好（图5-26至图5-28）。

4. 抛石护岸

抛石护岸一般用在堤岸护脚的部分，接近枯水位线，因石块间松散，孔隙率较大且深，可以为鱼类提供产卵、隐蔽的场所，但也正是因为其位置近水，故土壤保持比较困难，很容易被流水冲走，不适宜植物生长。因此在进行抛石护岸施工时，应该注意利用重力学原理合理搭配大小卵石，控制水土流失，关注植物扦插时间，选择在枯水期进行，避免水流冲蚀带走土壤，导致植物种植失败（图5-29、图5-30）。有研究显示，在抛石间插上非常耐水又容易成活的柳枝（如南川柳、灌木柳），很快就可生长茂盛，是很好的抛石护岸配合植物营造工程景观的方法。本章的研究聚焦于灌木，希望可以遴选与以上柳树品种的生态特性较为接近的灌木品种加以试验，丰富介入抛石护岸的植物品种。

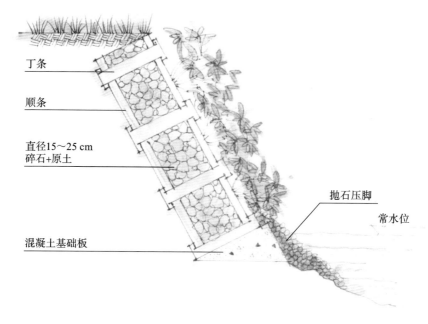

丁条

顺条

直径15～25 cm
碎石+原土

混凝土基础板

抛石压脚

常水位

图 5-26　灌木介入混凝土框格护岸示意图 1

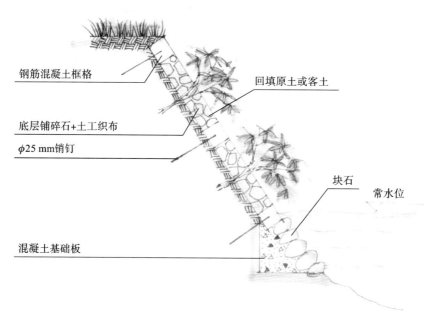

钢筋混凝土框格

底层铺碎石+土工织布

ϕ25 mm销钉

回填原土或客土

块石

常水位

混凝土基础板

图 5-27　灌木介入混凝土框格护岸示意图 2

图 5-28 合肥南淝河混凝土框格植草护岸（2011 年）

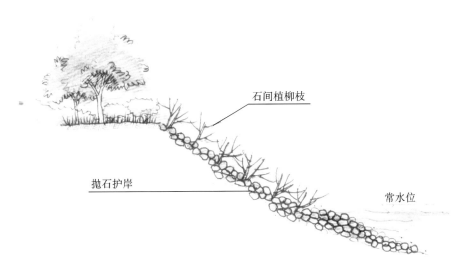

石间植柳枝

抛石护岸

常水位

图 5-29 灌木介入抛石护岸示意图 1

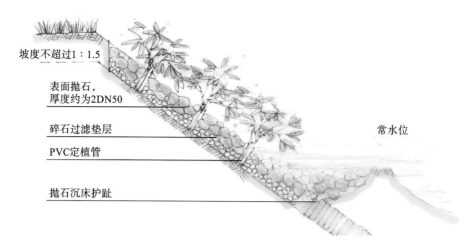

坡度不超过1:1.5

表面抛石，
厚度约为2DN50

碎石过滤垫层

PVC定植管

抛石沉床护趾

常水位

图 5-30　灌木介入抛石护岸示意图 2

（二）无孔隙护岸

1. 浆砌护岸

即便是植物看似无法生存的无孔隙护岸，如表面全部封闭的浆砌石（混凝土块）或是现浇混凝土硬质护岸，也不应随便放弃，更不能简单地打破重建。如果不试图对这类护岸进行特殊处理，该类护岸上永远也不可能主动地长出足够的植物，关键在于在合适的情况下在该类护岸表面为灌木提供生长基质。

已有的工程实践多是对混凝土表面进行覆土来种植植物。如日本发明的生态混凝土即由多孔混凝土、保水材料、缓释肥料组成的特殊混凝土上覆与草籽混杂的表层土，形成绿色生态的表面。而对于坡度较大、土壤流失较严重的护岸，可以采用在混凝土表面铺设防滑框格的方式来保持表层土壤[1]。还有将掺有有机物和微生物的土壤喷吹到混凝土护岸表面再铺草皮的方法。

然而这些都是硬质护岸与草本植物结合的"草硬"结合法，其生态及景观效果有限。本章提出的是以灌木介入河流硬质护岸基底的"灌硬"结合的新型生态硬质护岸工程景观营建策略。灌木生长需要的土壤、水分、养分比草本植物要多，并且这些元素需要长时间保持在一定水平上，薄薄的覆土不能满足灌木生长的要求。这无疑是在城市湖泊及河流硬质护岸导入灌木元素所要面临的挑战之一。解决方案可以是在护岸的硬质表面本身做文章，以便嵌入植物种植基底，包括设置各种类型的种植槽、种植穴并回填土壤，表面覆盖保水材料等方式（图 5-31 至图 5-33），这样就有可能为硬质护岸岸体披上灌木的"绿衣"。

根据所选择灌木的不同，设置种植穴的大小需要适宜，过大会破护岸岸体安全性，而过小则土壤有限，影响植物的生长。这种在护岸表面嵌入种植基底的植物介入方式还要重点考虑土壤被水流冲走的问题，使用卵石在土壤表面形成保水层是一种有效的方法[2]。另外还需要赶在枯

1　财团法人，河道整治中心.多自然型河流建设的施工方法及要点 [M].周怀东，杜霞，李怡庭，等译.北京：中国水利水电出版社，2003.
2　韩雷，王宇，袁安丽，等.硬质护岸生态修复中的卵石覆盖保水性能研究［J］.黑龙江水专学报，2008，35（1）：5-7，11.

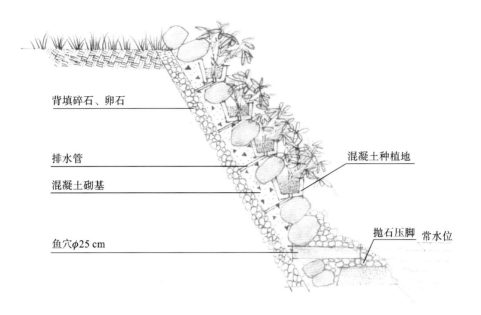

背填碎石、卵石

排水管

混凝土砌基

鱼穴ϕ25 cm

混凝土种植地

抛石压脚   常水位

图 5-31   灌木介入浆砌护岸示意图 1

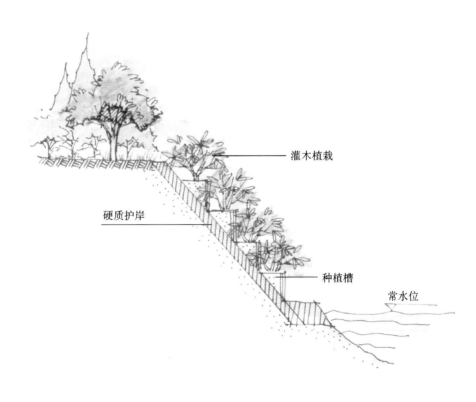

灌木植栽

硬质护岸

种植槽

常水位

图 5-32   灌木介入浆砌护岸示意图 2

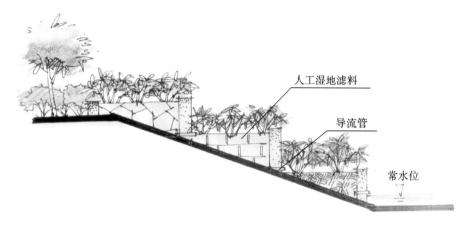

图 5-33　灌木介入浆砌护岸示意图 3

水期将植物种下去，并预留植物生根发芽的时间，等水位上升触及种植基底的时候，植物根系应该已经生成并将土壤牢牢地锚固在一起，土壤和植株就都不容易被水流冲走了。

2. 半干砌石护岸

对于水流湍急的河流河段来说，干砌石护岸（一般是用直径 40 ～ 50 cm 的卵石铺砌）会面临被洪水冲毁的危险，但如果简单地采用浆砌护岸，植物又无法生存。为了解决这个矛盾，日本在大量的河流生态改造试验中还发明了一种半干砌石护岸。其方法是用混凝土铺砌加固半干砌石护岸的底部，将较为巨大的卵石的大部分用混凝土砂浆固定在基底上，留下少部分的卵石悬空，卵石孔隙便可以覆土，为灌木的生长创造条件（图 5-34）。因为此类护岸实质上还是不透水的无孔隙护岸，故其坚固、稳定性强，抵御洪水侵蚀的能力与浆砌护岸类似。

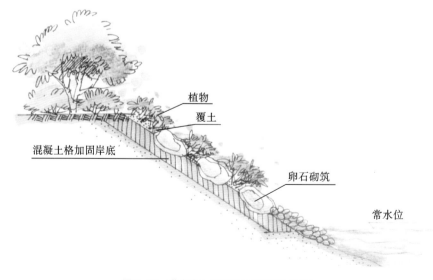

图 5-34　灌木介入的半干砌石护岸示意图

（三）灌木介入的城市硬质护岸景观效果

对于城市湖泊及河流硬质护岸所应用的不同植物种植形式而言，其景观效果也不尽相同。嵌入式植物种植应用岸体的界面范围较广，根据种植基底面积多少和深度的不同可以种植各类草本植物和一些藤本植物，还有灌木，如此一来，植物的多样性就较为丰富了。不同种类植物的高低错落，形成立体丰满的景观，对于硬质护岸的景观改造效果较好（图5-35、图5-36）。

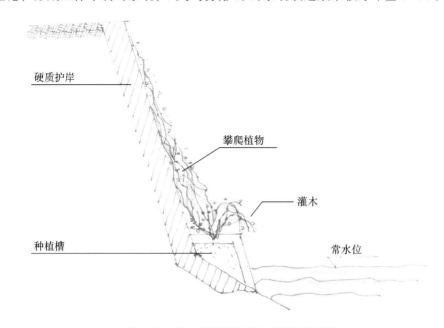

图 5-35　灌木与攀爬植物介入硬质护岸示意图

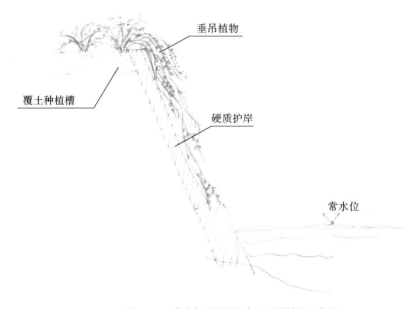

图 5-36　灌木与垂吊植物介入硬质护岸示意图

而外设于硬质护岸岸体的植物介入方式，无论是攀爬型还是垂吊型，其种植界面范围都较为狭窄，因此植物种类有限，品种单一，相对于嵌入式植物介入方式而言，其景观效果较为逊色。但哪怕只有一线绿色的加入，也会为城市湖泊及河流硬质护岸景观增添生机与活力，增添些许景观亲水性，这也是景观设计师应该努力的方向。

第六章　GIS 技术与城市滨水环境空间信息数据库建构

第一节　环境空间信息

一、环境信息

广义上的环境是指在地球上与人类活动紧密相连的、对人类生存和发展产生影响或制约的各种天然或人工要素。这些要素间的相互作用形成了一个复杂的系统。更具体地说，广义的环境可以分为两大类，即社会环境和自然环境。前者包括文化、经济、政治、法律等社会现象，后者则包括地理位置、气候、水资源、土壤、生物等自然要素。

环境信息（environmental information），顾名思义就是与环境相关的各类信息，因此环境是环境信息研究的核心对象。对于环境信息的概念，1998 年联合国签署的《奥胡斯公约》将其概述为环境状态、对环境发生潜在影响的因素以及受到环境变化所影响的人类状况。而美国《信息自由法》（FOIA）与英国《环境信息规则》（EIR）也有着相似的解释，即指任何书面、视觉、听觉、电子或其他形式的环境相关元素的信息，其内容主要包括以下几个方面。

（1）环境元素的状态，如空气、大气、水、土壤，人工与自然景观（湖泊、湿地、海岸、浅滩），生物多样性（转基因组织与相关元素）。

（2）环境因子，如能源、噪声、辐射、垃圾（放射性废弃物、其他排放物等）。

（3）环境管理措施，包括政策、法规、计划、程序、协议、活动等。

（4）环境法规的报告与执行状况。

（5）经济效应、成本效益以及相关政策的评价体系。

（6）人类健康与安全状况，包括食品生产、工业生产、基础设施建设与房屋建造等。

近百年来全球的发展历程证明环境信息对于人类发展是至关重要的。特别是在当下全球能源危机、极端气候加剧、局部地区空气质量恶劣、食品安全问题凸显的背景下，环境问题成为人类未来发展的首要阻碍。因此，为促进实施绿色可持续发展，使环境问题信息化的系统工程成为政府与人民改善环境的重要途径。自 1992 年《里约宣言》起的一系列国际公约、各国法律都表明，环境信息的系统化、公开化得到了国际社会的广泛支持，其中《环境信息规则》认为，为了更好地处理环境保护与污染问题，将人居环境的所有变化因子公众化，作为一种共享资源，是促进社会各界的参与和监管的有效途径。我国自 1991 年起，每年发布《中国环境状况公报》（2017 年以后称《中国生态环境状况公报》）。目前，《中国生态环境状况公报》是由中国生态环境部会同自然资源部、住房和城乡建设部、交通运输部、水利部、农业农村部、国家卫生健康委员会、国家统计局、国家林业和草原局、中国地震局、中国气象局、国家能源局和国家海洋局等主管部门共同编制完成，综合反映中国环境状况的公开年度报告，其所包含的全国环境信息权威、科学，涵盖了污染物排放情况、大气环境、水环境、声环境、土壤污染等诸多方面的环境信息。

环境信息是信息资源体系下的一大分支，其信息量大、离散程度高、可叠加分析性强，同时具有极强的共享性以及可开发性。要使这些环境信息得到有效的统计与管理，就需要建立一个环境信息管理系统，帮助收集、存储、处理和分析环境信息，同时有效地进行信息的检索和共享。将各个环节要素的信息数据化、量子化，并且监测所有相关环境要素的数量、质量、分布以及相关联系，GIS 技术的应用在此方面的优势巨大。

二、空间信息与空间分析

通常环境信息都与其物质空间中的位置和动态相关，两者均具备极强的空间分布性、时序变化性以及多源性等特点，它们所拥有的特殊属性使得其与空间信息之间具有密不可分的关联。

空间信息（spatial information）是一种以数据为媒介，呈现于地理实体、人与行为之间的信息，这些信息数据能以图表的形式描述事件所发生的地点、原因、过程及其对场地中人与环境的影响。空间信息的内容包含物质的特征、属性及其特性之间的关系，所以当空间信息以地图、表格、图像等形式呈现时，就能帮助人们对相关领域的事件进行更为全面、深入的掌控。随着卫星遥感技术与计算机及网络技术的不断革新，空间信息在各领域的使用变得广泛且频繁，其开发技术与开发平台也变得多种多样。

为了更好地对空间信息进行采集、勘测、分析、管理、传播以及应用，一门新兴技术成为全球的热门研究对象——空间信息技术（spatial information technology）。现代空间技术在广义上也被称为地理信息科学（geoinformatics），通常可以分为两类：第一类为空间可视化图形信息技术，即地理空间信息技术（geospatial information technology）；第二类为地理统计学（geostatistics）。二者处理的对象没有本质上的区别，而技术手段却截然不同。GIS 是图形技术与数据库技术的结合（Arc+Info），从数据库与绘图的层面来存储和处理空间信息。地理统计学则是以空间数字信息为基础，采用多元化与非线性的计算数学以及统计学的一种数据分析方法。然而将两者比对我们发现，对于地理空间现象的定量分析、管理，处理不同类型的空间数据并且提取有效信息——也就是通常所说的"空间分析"，是以上两种方法共同的技术手段。

空间分析的主要目的是挖掘空间信息间的潜在关系，例如空间位置、分布、形态、距离、方位、拓扑等，这些潜在数据可以作为空间处理手段的数量基础。当前空间信息分析的研究主要涉及三个领域：①基于地理学数据的空间信息分析，主要分析手段为卫星遥感图、地图和经济以及社会数据；②基于测绘学数据的空间信息分析，以地图数据、卫星遥感数据为对象，以计算几何以及地图代数为主要算法；③建筑与城市规划领域的城市环境空间信息，主要基于实际空间需求进行社会效应以及生态分布等信息数据的分析。

三、环境空间信息

现代化的城乡规划、建设、管理与服务离不开信息化与大数据等相关领域的发展。随着空间信息技术在环境科学领域的迅猛发展，"环境空间信息"逐渐成为各个国家环境政策中经常被提及的词汇。中国环境科学出版社 2011 年出版的《环境空间信息技术原理与应用》一书，将环境空间信息解释为地理空间信息技术在城乡环境建设过程中应用所需要的环境信息系统，是一定范围内环境各要素以及其相互之间关系的数字信息化表达。环境空间信息所包含的数据具体包含空间、属性、时间以及综合度四个部分的内容，且所有数据都与具体的空间坐标位置相互关联，数据与数据在一定程度上存在连接、毗邻、互通等关系，这种关系也被称为"空间拓扑性"。

GIS 系统中的环境空间信息体系包含四大数据类型：①地形、地貌、地块类别、街区、道路、行政区、湖泊、水系等环境规划、保护相关要素的地理空间信息；②环境建设元素的属性信息，包括污染源、气象监测、水系状况、交通噪声、场地可达、热源能耗、经济与文化等；③多媒体与监测信息，包括环境监测、环境管理、GIS 服务、环境规划等；④纵向数据信息，包括各环境要素的历史演变、生态景观的演变、建设项目全生命周期的信息等。将环境空间信息与 GIS 系统及其相关服务平台所提供的空间坐标匹配、图文表一体化、空间分析、决策支持等功能相统一，这种定量化的研究手段极大程度上提高了对复杂多维的城乡环境建设问题的处理效率，值得大力推广。

第二节　ArcGIS 与空间信息数据库

一、ArcGIS

前面我们已经提到，地理信息系统是基于计算机技术平台且主要用于捕捉、存储、查看、可视化展示地球表面的空间数据以及地理信息的系统（图 6-1）[1]。而由美国加利福尼亚 ESRI（Environmental Systems Research Institute）所研发的 ArcGIS 软件系统占据了 GIS 领域超过 43% 的市场份额，处于全球行业领先的地位[2]。通过整合地理数据资源管理器 ArcCatalog 的数据库采集、ArcMap 的数据可视化成像、ArcScene 与 ArcGlobe 的三维数据分析模拟、ArcToolbox 与 ModelBuilder 工具集的数据编辑，ArcGIS 出色地呈现了三种空间地理信息数据的处理视角：①以特征要素（feature）、栅格（raster）、拓扑（topology）、网络（network）等数据元素构成的信息数据库模型（geodatabase）；②智能多样化的数据集成影像，用于查看、编辑和管理信息数据；③基于原有数据集的地理信息处理系统，以计算、编译、提取和分析新的空间地理信息数据集。

1　参见《国家地理》杂志网站：https://www.nationalgeographic.org/encyclopedia/geographic-information-system-gis/。
2　2015 ARC Advisory Group Reports：http://www.esri.com/esri-news/releases/15-1qtr/independent-report-highlights-esri-as-leader-in-global-gis-market。

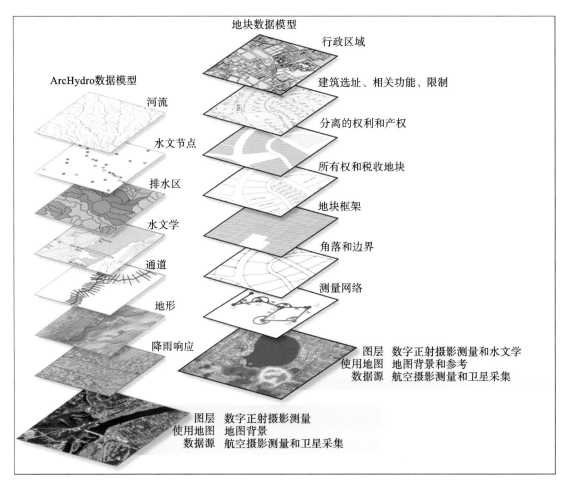

图层 数字正射摄影测量和水文学
使用地图 地图背景和参考
数据源 航空摄影测量和卫星采集

图层 数字正射摄影测量
使用地图 地图背景
数据源 航空摄影测量和卫星采集

图 6-1 ArcGIS 城市空间地理信息的栅格数据源的图层叠可视化叠加分析

（一）ArcGIS 的构成与发展——ArcGIS 9.X

2004 年，ESRI 将自 ArcMap 8.0 以来的所有产品进行了整合开发，从而推出了第一个完整的 GIS 平台 ArcGIS 9，其为个人或群体用户提供了一系列完整的 GIS 构建框架（图 6-2），极大程度上促进了 ArcGIS 在各领域的推广。ArcGIS 9.0 至 9.3：这些版本提升了 ArcGIS 的功能和性能，如增强的 3D 可视化、更好的网络分析工具、新的地理编码功能等。同时，ESRI 还强化了 ArcGIS 的整合能力，使其更好地与其他业务和 IT 系统集成。ArcGIS 9.X 主要操作平台包括以下几个。

1. ArcGIS for Desktop

ArcGIS for Desktop 包含一套完整且拥有计算机用户界面的应用程序（包含 ArcMap、ArcCatalog、ArcScene、ArcGlobe、ArcToolbox 以及 ModelBuilder），是一款完整的 GIS 桌面端软件产品。ESRI 根据不同的用户需求将软件划分为 ArcView（basic）、ArcEditor（standard）、ArcInfo（advanced）三个功能级别。这是 ArcGIS 最基础的许可级别，主

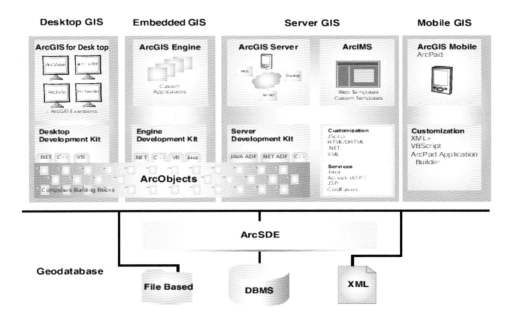

图 6-2　ArcGIS 9 整体系统结构（从数据到不同服务端）

要提供了地图创建、简单数据编辑和管理以及基本的空间分析功能。在 ArcView 的基础上，ArcEditor 提供了更多的数据编辑和管理功能，包括对地理数据库的多用户编辑和版本管理。此外，ArcEditor 还提供了一些额外的空间分析工具，如网络分析和地形处理工具。除了 ArcEditor 的所有功能，ArcInfo 还提供了一些高级的数据分析和处理工具，如高级地理处理工具、数据转换以及复杂的模型和脚本创建等工具。通过选择以上不同级别的应用软件，使用者能够有效地完成地图编绘、地理坐标的投影匹配、不同数据格式的转换，利用繁多的自带工具进行复杂空间信息数据的计算与统计、地理编码、数据共享以及使用多种语言进行编码定制用户界面等（图 6-3、图 6-4）。

2. ArcGIS Engine（Embedded GIS）

ArcGIS Engine 为 GIS 应用程序的开发人员提供了一套完备且高效的嵌入式桌面程序定制引擎，程序员能够通过使用 COM、C＋＋、JAVA 和 .NET 等多种编程语言为用户提供符合自身系统逻辑的界面与应用框架。目前 ArcGIS 的应用开发（APIs）可基于 Android、ArcObjects、iOS、Python、WPF、Windows 等 14 种平台进行。

3. ArcGIS 服务端（ArcSDE、ArcIMS、ArcGIS Server）

ArcGIS 服务端是用于发布企业级 GIS 应用程序的平台，拥有三种不同的产品级别（图 6-5）：ArcSDE 作为空间数据服务器软件，为多种客户端的 GIS 数据管理系统（DBMS）的存储、管理与使用提供服务平台；ArcIMS 是一个可伸缩的网络服务器软件，基于网页浏览器客户端，于用户之间传递空间信息数据、网络 GIS 地图以及元数据；ArcGIS Server（现名 ArcGIS for Server）是一个服务于企业与网络端的整合 GIS 工具集，其用于构建分布式环境下的空间数据集中管理，支持在线空间数据分析以及高级的 GIS 分析等，目前已逐步取代了 ArcIMS。

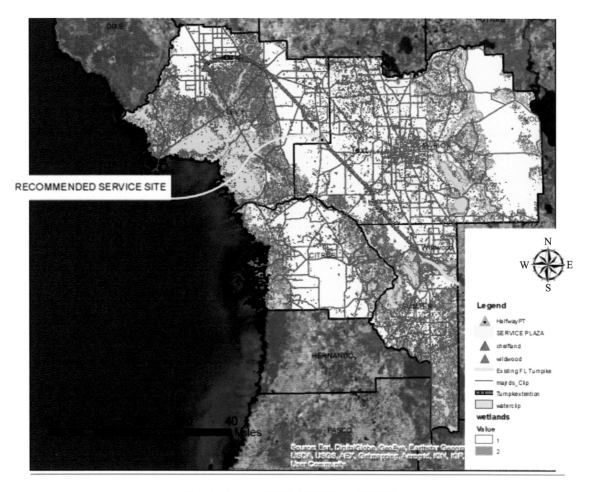

图 6-3　ArcMap 数据集分析案例——佛罗里达

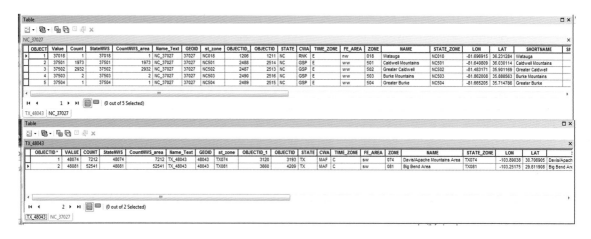

图 6-4　ArcGIS Desktoptable 的空间信息数据库属性表格案例

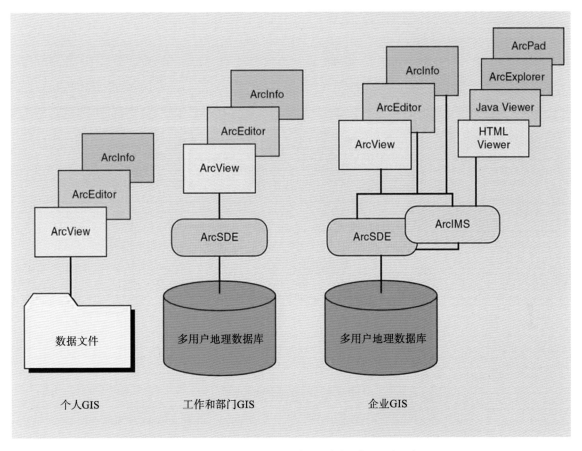

图 6-5 三种级别的 ArcGIS 产品（个人、部门、企业）

4. Mobile GIS

移动地理信息系统（Mobile GIS）用于便携式的移动设备平台开发，是一个集 GSM、GPRS/CD2MA 为一体的系统。该系统注重实时性、便携性、位置服务、数据交互、集成性和可视化。Mobile GIS 可以实时进行空间信息数据与服务器之间的传输，支持离线矢量地图与影像在手机或平板设备上的快速浏览与处理。该软件被广泛用于导航、空间地理信息数据的监控与查询、无线数据通信等服务领域（图 6-6）。

（二）ArcGIS 的应用范围与前景

随着计算机技术与遥感技术领域的重大变革，ArcGIS 也在不断地强化着自身的能力，如在 2016 年底，ESRI 推出了最新一代的 ArcGIS 10.5，该产品在完善了所有功能的同时增加了一系列新的工具集与操作构架，成为该系列的又一里程碑式产品。例如使用 Python 自动发布地理编码服务，地图、要素、影像、WFS 服务均支持标准化查询，收购并发展 CityEngine 动态城市三维设计、建模与 GIS 集成，并且可利用 3D Analyst 工具箱，Components 支持更多语言环境，便于特殊应用程序的二次开发。通过梳理以上信息，我们发现 GIS 在未来将更为深入地接入与地理及环境系统相关的各个领域，特别是在大数据时代的背景下，国际数据仓库以及相关法律

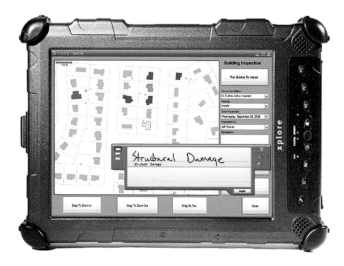

图 6-6　Mobile GIS 应用设备

政策将会逐步完善，从而进一步推动 Web 端口的全球 Open GIS 服务的开发（图 6-7）。同时，随着虚拟现实技术的发展，用户的使用体验也将会得到前所未有的提升。

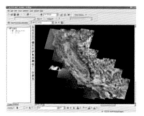

桌面客户端　　　　　　　　　Web客户端　　　　　　　　　移动端

图 6-7　ArcGIS 的不同端口

二、空间信息数据库

（一）数据库的概念

数据（data）是对现实世界的数字符号记录，是用物理符号记录的可以鉴别的信息，包括数字、文字、图像、声音等，是信息的具体表现形式和载体。

数据库（database）则是长期储存在计算机内有组织的、可共享的数据集合。数据库中的数据按一定的数据模型组织、描述和存储，具有较小的冗余度、较高的数据独立性和易扩展性，并可以为不同用户所共享。数据库在逻辑上可以认为是文件以及联系的集合，而文件是数据库系统操作的基本单位，最小的操作是对数据库中某个文件的某个记录进行直接的操作，所以数据库系统必须在操作系统的支持下才能工作。

数据库技术是随着计算机的飞速发展并且应数据管理的需求而产生的。作为数据管理最有效的手段，数据库技术的出现极大地促进了计算机应用的发展。目前基于数据库技术的计算机应用已成为计算机应用的主流，它与网络通信、人工智能、面向对象程序设计、并行计算机技术等互相渗透、互相结合，成为当前数据库技术发展的主要特征。从 20 世纪 60 年代中期产生到现在仅仅几十年的历史，其发展速度之快、使用范围之广是超乎想象的，并且是其他技术所远远不及的。现在数据库技术已被广泛应用到人类社会的自然基础数据以及环境空间数据存储、管理上，为海量数据的组织和信息的充分利用提供了基础的技术支持[1]。

（二）空间数据

空间数据（spatial data）是对现实世界中空间特征和过程的抽象表达，也是地理信息系统最基本和最重要的组成部分之一。空间数据是用来描述来自地球表面的空间实体的位置、形状、大小、分布特征等诸多方面信息的数据，由于它描述现实世界的对象实体，因此具有"定位""定性""时间"和"空间关系"等特征。其中"定位"是指在已知的坐标系里，空间目标都具有唯一的空间位置，带有地理坐标，即经纬网坐标的数据，包括资源、环境、经济和社会等领域的一切带有地理坐标的数据；"定性"是指伴随着目标地理位置的有关空间目标的自认属性；"时间"是指空间目标随时间的变化而变化；"空间关系"通常用拓扑关系表示。空间数据的基本类型可以较为形象地用点、线、面表示，因此空间数据已广泛应用于城市规划、交通、银行、航空航天等领域。

空间数据自身还具备一些特性，如多样性、复杂性、抽样性、概括性、多态性和空间性等。

1. 空间数据的多样性

空间数据在描述一个地理实体特征时，包含的数据类型各种各样，如地理位置、海拔高度、气候、地貌、土壤等自然地理特征数据，同时也包括经济社会信息，如行政区界限、人口、产量等。不同的地理实体所含数据类型也不一致，即表现为空间数据的多样性。

2. 空间数据的复杂性

由于空间数据的多样性而造成数据量巨大、类型丰富，因此数据排列和组织十分复杂，必须在数据输入时保证其准确性。

3. 空间数据的抽样性

空间物体能以连续的模拟方式存在于地理空间中，为了能以数字的方式对其进行描述，必须将其离散化，即以有限的抽样数据（样本数据）描述无限的连续物体。同时，空间物体的抽样性并不是对空间物体的随机抽取，相反，是对物体形态特征点的有目的选取，其抽样方法随物体的形态特征而异，基本准则是力求准确地描述物体的整体和局部的形态特征。

4. 空间数据的概括性

概括是空间数据处理的一种手段，是对空间物体的综合，即对空间物体形态的简化和对空间物体的取舍。空间数据描述的是现实世界中的地物和地貌特征，非常复杂，必须经过抽象概括处理。对于不同主题的空间数据库，人们所关心的内容不同，即便在同一个空间数据库中，由于主题和应用的不同，也需要在抽样的基础上对空间数据做进一步的综合处理，从而使其适应应用环境和任务的要求。

1　姚瑾. 基于 GIS 的环境信息数据库维护和共享的研究［D］. 西安：长安大学，2007.

5. 空间数据的多态性

对于同一个地理信息单元而言，在现实世界中其几何特征是一致的，但是其表现的属性却有很多方面，并对应着多种语义。同一地物在不同情况下的形态各异，例如城市居民地在地理空间中占据的地域随着空间数据库比例尺的变小而由面状地物转换为点状地物。因此，面状地物中心点和中心轴线的计算构成了空间分析的重要内容。不同的地物如果占据相同的空间位置，则大多表现为社会、经济、人文数据与自然环境数据在空间位置的重叠，这种多态性对空间数据的组织与管理提出了特殊的要求。

6. 空间数据的空间性

空间数据的空间性描述了空间物体的位置、形态及其空间拓扑关系，这个特征是空间数据区别于其他数据的标志性特征，也是空间数据最主要的特性。空间性不仅需要对空间目标的位置和形态进行分析处理，还应对其空间相互关系进行分析处理，这是一种更为复杂的分析处理，从而增加了空间数据组织与管理的难度[1]。

（三）空间信息数据库的概念

空间信息数据是空间数据的子系统，它更直接地与城乡环境建设产生联系。而空间信息数据库是基于数据库技术，对地球上的一切与地理实体空间位置有关的信息数据进行收集、输入、存储、处理、分析、查询和显示的一种数据集合，是空间信息系统中空间信息数据的存储场所。

（四）空间信息数据库的特点

1. 数据量庞大

空间信息数据库面向的是地理学中的地理实体及其相关对象，涉及的是地球表面信息、地质信息、大气信息、社会和经济等极其复杂的现象和信息，因此，描述这些信息的数据容量很大，通常可以达到 GB 级。

2. 具有较高的可访问性

空间信息数据库具有强大的信息检索和分析能力，通常是一个公开、共享、能高效访问大量数据的集合。

3. 属性数据和空间数据联合管理

空间信息数据库中的每个实体都包含两部分的数据，分别为空间数据和属性数据。空间数据指描述地理空间位置的信息；属性数据指描述地学现象的各种属性的信息，一般包括数字、文本、日期等类型。只有对这两部分共同进行描述才能完整地表现出实体的特征，因此对每个实体的操作必须保证这两部分数据的一致性、安全性等。空间信息数据库系统中大量的数据就借助图形图像这一信息载体来进行描述。

4. 应用范围广泛

空间信息数据库是当今很多系统的基础，它的应用几乎遍布我们生活中的各行各业，特别是如城市规划、环境保护、智能交通等基于位置的服务都需要空间信息数据库的支持[2]。

1　高惠君. 城市规划空间数据的多尺度处理与表达研究［D］. 北京：中国矿业大学，2012.
2　牛新征. 空间信息数据库［M］. 北京：人民邮电出版社，2014.

三、城市湖泊及河流景观空间信息数据库

（一）城市湖泊及河流景观空间信息数据库的概念

景观空间信息数据库是指通过数据库技术对与景观环境相关的数据进行合理、有效的收集和组织，然后对其进行网络共享的数据集合文件。同时它也是对景观空间信息数据进行加工、管理、分析的工具，能够有效、快速、方便地从数据库系统中提取信息。

本书研究的城市湖泊及河流景观空间信息数据是指在研究范围内的城市湖泊及河流景观与周围的空间关系的结构数据，以及周边环境要素，如地形、地貌、植被、景观节点、景观格局、水体、生物多样性、湖岸、河岸、道路、基础设施等的相关空间数据以及属性数据[1]。在完成城市湖泊及河流景观空间信息数据库系统构建后，我们可以利用空间信息系统的相关软件进行城市湖泊及河流景观的地形地貌分析、用地适宜性评价、可达性分析、可视性分析、美景度分析、景观敏感性分析、景观格局分析、生物多样性保护、绿地效益评价、绿色基础设施系统设计、场地填挖方、生态廊道规划、声景设计等方面的实践运用。

本书的研究成果将运用于今后城市湖泊及河流景观设计与规划实践中，数据库中的数据将成为设计前期的资料来源和方案推敲的科学依据，其准确的分析结果将对城市湖泊及河流景观设计发挥重大的支撑作用。

（二）城市湖泊及河流景观空间信息数据库的特点

空间信息数据自身的特点，如数据量巨大、模型复杂等，使得信息数据存在时空上的交错性，同时存在着空间特征数据、属性特征数据、时间特征数据。在此基础上，城市湖泊及河流景观空间信息数据库因特别针对城市湖泊及河流相关数据，所以还具备以下特点。

1. 城市湖泊及河流景观空间信息数据库的多变性（时效性）

城市湖泊及河流景观空间信息数据不是一成不变的，特别是其属性特征数据信息，城市湖泊及河流的相关数据极易受环境影响，如气候、气温、人类活动等，数据随时间的变化会有相应的改变，同时在城市不断发展的过程中，其空间特征数据在较长时间段内也会有一定改变。所以城市湖泊及河流景观空间信息数据库内的信息需要进行实时高效、迅速和准确的处理，同时也需要进行经常更新以使其具备时效性。

2. 城市湖泊及河流景观空间信息数据库着重其属性特征数据

空间数据库中存储的数据信息大部分都与空间位置有关，但是本书研究所期待的分析结果是为环境设计工作者今后的景观环境设计工作服务，其空间位置并不是本书研究的重点。而湖泊及河流的面积、水质、绿化率、生物多样性、水岸形态等属性特征才是我们重点要收集和研究的数据，所以在城市湖泊及河流景观空间信息数据库中所涉及的大部分数据与其属性特征数据相关，属性特征数据将是湖泊及河流景观空间信息数据库中的重点研究方面。

3. 城市湖泊及河流景观空间信息数据库的简易性

本书涉及的城市湖泊及河流景观空间信息研究是环境设计行业为了在以后的城市规划、环境景观设计等实践中将其数据和分析结果结合设计方法进行运用而进行的。但由于设计师非计

---

1 陈述彭，鲁学军，周成虎.地理信息系统导论［M］.北京：科学出版社，1999.

算机专业、统计专业出身，所以对系统内部结构逻辑理解不够深入，因此要求数据库系统及内容具有简易性，能便于非专业人士理解与识别。

4. 城市湖泊及河流景观空间信息数据库的多源性

城市湖泊及河流景观空间信息涉及的数据内容多、范围广，大都来自不同的部门，如城市规划部门、水质监测部门、林业部门等，其数据类型也异常丰富，有表格数据、图形数据、遥感数据等，所以城市湖泊及河流景观空间信息数据库具有数据多源性的特征。

5. 城市湖泊及河流景观空间信息数据库的直观性

城市湖泊及河流景观空间信息数据库中的数据是用来做相关研究分析的，目的性较强，所以对数据和信息进行处理所得出的结果应具有较高的显示度和可视化程度，这样才能达到数据分析结果一目了然的目的，因此需要有直观性。

6. 城市湖泊及河流景观空间信息数据库的专业性

大多数空间数据库研究者着眼于其技术的掌握和编程，以及其运行的过程，而本书旨在研究数据库得出的分析结果和数据，并将其运用于实际项目设计中。城市湖泊及河流景观空间信息数据库中收录的数据以城市湖泊及河流周围各景观要素为主，目的是服务于城市环境设计行业从业者，因此本书研究的城市湖泊及河流景观信息数据库的专业性指向较强——为设计行业服务，并期望能为将来的研究提供方法借鉴。

（三）城市湖泊及河流景观空间信息数据库的目标和原则

湖泊及河流景观空间信息数据库的复杂性、多源性、直观性等特点，要求其数据库设计要做到以下几个方面：减少数据冗余，方便建库工作，建库工作规范化、标准化、条理化、系统化；保证数据的共享性，减少数据获取、存储和使用的费用；减少应用开发的工作量，提高数据存储和分析的灵活性，能够在系统中对专项数据进行操作，满足工作需要。为达到上述目的，在进行数据组织时应遵循以下原则。

1. 数据的现势性

现势性衡量的是数据的时间精度，是确保以此数据建立起来的地理信息系统和由它进行的查询、分析、统计甚至决策具有真正使用价值的重要基础[1, 2]。城市湖泊及河流景观空间信息由于影响因子较多，因而其对现势性要求更高，所以必须执行此项原则。

2. 数据收集和输入的科学性、系统性及完整性

只有在遵循这项原则的基础上进行数据收集，数据库才能快速、有效地运行，否则分析结果是不可信的。

3. 数据要素的可扩充性

城市湖泊及河流景观的空间特征数据和属性特征数据会随着时间变化而产生变化，只有在建立数据库时考虑到数据的扩充性才能对数据进行更新扩充，并且之前的数据也不会丢失，保证分析的有效性和可比对性。

4. 数据分类和编码的规范化、标准化及简明化

数据库中数据的分类和编码应严格按照国家和行业的有关规范和标准进行，也可参照国家

1　陈述彭，鲁学军，周成虎. 地理信息系统导论［M］. 北京：科学出版社，1999.
2　彭盛华. 流域水环境管理理论与实践［D］. 北京：北京师范大学，2001.

湖泊及河流数据库设计。这项原则也是保证湖泊及河流景观空间信息数据能与其他部门共享的前提所在。简明化能够使数据简单明了、提高识别性，从而减少数据方面的工作量，方便计算机系统地处理数据。

5. 数据的逻辑一致性

逻辑一致性强调的是数据采集的技术设备和软件功能的协调一致，保证采集的数据在进入 GIS 系统时无须重新组织、编辑和处理。城市湖泊及河流景观空间信息的数据可以长久使用，这将对城市规划部门、水利部门、环境监测部门等未来的工作有十分重要的帮助，所以此项原则对于数据能够在将来持续使用十分重要。

（四）城市湖泊及河流景观空间信息数据库建立的意义

城市环境工作者为了能够更加有效地了解环境信息和项目用地的情况，需要掌握用地的交通、基础设施、周边环境等信息。目前，我国城市湖泊及河流环境资源的属性信息和空间信息无法关联起来，给湖泊及河流景观信息研究带来了极大的不便，而且这些空间信息和属性信息数量巨大、内容复杂，如果仅靠人力调查、分析，将会导致人力损耗大、效率低下、数据出错等状况。本书所研究的城市湖泊及河流景观空间信息数据是指在特定研究范围内的湖泊与其周边的空间关系结构数据，以及周边环境要素，如植被、景观节点、水体、湖岸、道路等的相关空间数据和属性数据，包括记录上述空间实体的位置、拓扑关系、几何特征的空间特征数据和描述空间实体特征定性或定量指标的属性特征数据两部分[1]。由此可见其数据要素的多样、数据量的庞大、结构的复杂，在此层面上传统的数据管理方法难以胜任，因此采用基于 GIS 技术的数据库进行管理是必要的，也是有重大意义的。

其具体作用与意义如下。

1. 优化湖泊及河流管理

基于组件式 GIS 技术的湖泊及河流水环境信息管理系统，能快速、有效地处理和管理大量复杂的湖泊及河流环境信息，能在计算机软、硬件的支持下实现对湖泊环境信息的管理、查询、统计、优化处理和输出，以及结合各种数学方法进行预测、评价和决策[2]。

2. 获得数据集成化

按一定模式组织与存放的数据集，能客观反映数据间的内在联系，有助于通过数据集成来统一计划与协调各相关应用领域的信息资源[3]。

3. 储存海量湖泊及河流数据

为湖泊及河流数据的管理提供便利，解决数据冗余问题，保证数据的准确性，提高查询效率，并且数据不会丢失。

4. 城市湖泊及河流景观空间信息数据处理与更新

城市湖泊及河流景观空间信息数据一般时效性很强，要求不断更新数据库内的信息。更新的过程是用现势性强的现状数据更新数据库中的非现势性数据，以保证现状数据库中空间信息的现势性和准确性。同时，被更新的数据存入历史数据库供查询检索、时间分析、历史状态恢

1　陈述彭，鲁学军，周成虎. 地理信息系统导论［M］. 北京：科学出版社，1999.
2　李贝. 基于 GIS 的武汉东湖水环境信息管理系统研究与开发［D］. 武汉：华中科技大学，2007.
3　陈述彭，鲁学军，周成虎. 地理信息系统导论［M］. 北京：科学出版社，1999：29–31.

复等，更新不是简单的删除替换，必须解决保持原有数据的不变、更新数据与原有数据正确连接等多方面的问题，因此城市湖泊及河流景观空间信息数据库中能保有最新数据供查询和共享。

5. 实现城市湖泊相关数据交换与共享

很少有研究是一个部门或专业可以单独完成的，湖泊及河流景观空间信息数据库的建立可以为数据的交换与共享提供帮助。其研究人员可以跟环境、林业、水质监测等相关部门工作人员交流和共享，实现研究成果的效益最大化。数据库中的数据共享主要体现在以下三个方面：①可供多个应用使用；②开发新的应用而不增加新的数据；③数据可直接对外开放，向社会提供服务。

6. 实现数据的可视化

数据库的数据经系统处理和分析，根据数据的内容能产生具有新的概念并直接输出供专业规划或决策人员使用的各种地图、图像、图表或文字说明，包括各种类型的符号图、动线图、点值图、等值线图、立体图等[1]。数据库还能让湖泊及河流景观数据以可视化图形呈现，数据结果明显。

7. 为城市环境设计行业提供科学的数据依据

目前尚无专门针对城市环境设计行业从业者的与城市湖泊及河流环境相关的数据库可供查询和使用，而本书的研究成果将直接为此专项服务，通过对数据库技术的探索，帮助城市环境设计行业从业者在项目实践中快速、准确地对设计基地进行多种分析与研究。

8. 满足研究城市湖泊及河流景观环境的需求

本书的研究将为城市设计、湖泊及河流景观设计、城市滨水开放空间设计、休闲娱乐设计等领域提供坚实的技术及理论支撑，完善城市要素数据库的内容。

第三节　数据库构建

城市湖泊及河流景观空间信息数据库的构建涉及物质环境的设计、社会要素的分析和地理信息技术的整合，是一项跨学科的挑战。本书的研究试图从数据库的构建逻辑和设计步骤两方面进行初步探讨，希望可以为未来数据库的建立打下坚实的基础。城市湖泊景观空间信息数据的框架如图 6-8 所示。

一、矢量数据库

矢量数据库的建立逻辑是建立一个实体空间数据坐标与其属性关系的过程，也可以看作是一个 E-R（entity-relation）图向关系的梳理过程。矢量数据（vector data）与栅格数据（raster data）是空间信息数据集的主要组成部分。城市湖泊及河流景观空间的矢量信息主要指滨湖景观要素集的分层（包括取样点、控制点、基础设施层、滨水区域层、城市景观层、构筑物层、道路层、边界层等）与场地地理信息要素集的分层（包括水文信息数据集、土壤信息数据集、气候环境信息数据集等）。与通常的城市规划数据库不同，与湖泊及河流景观亲水性相关的数据库的基础要素属性与人的感官有着紧密的联系，采样点的建筑物、景观、道路等基础信息的属性不能局限于表层的数据，而需要纳入物理要素与人体身心关系的描述，如此一来，在数据

1　高磊 . 湖泊、水库水环境管理信息系统的构建与开发［D］. 北京：北京工业大学，2007.

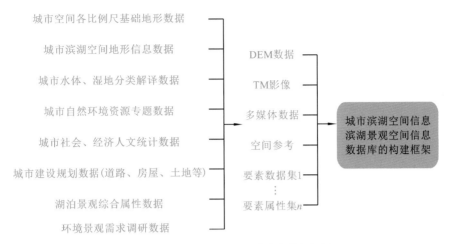

图 6-8　城市湖泊景观空间信息数据的框架图

库的设计中，设计点要素与地理基础信息要素需要等量分析与存储。根据不同的要素特征，地理空间数据库（geodatabase）的信息组织需要按不同层级划分，其主要逻辑为以下三个部分。

（1）地理信息的投影匹配（垂直坐标轴）和相关基础信息（包括取样点的具体经度、纬度以及元素的属性采样日期信息）等。

（2）属性信息表（XML）。

（3）地质、地貌以及湖泊环境的相关文字信息等。

城市湖泊及河流景观空间信息数据库的矢量数据处理主要分为七个步骤，依次为：①原始图像获取；② TIF 格式的图像扫描；③原始图像与信息的核查；④图像预处理（平滑去噪、图像色块的边缘检测、线条的细化处理等）；⑤图像采集（矢量化）；⑥图形的修改；⑦图形输出至 ArcCatalog。

为了保证数据库在使用过程中操作方便、逻辑清晰，在属性表格中不能出现重复值，且各数据需先设置独立的编号再进行相互关联。同时可以考虑根据数据库的针对范围适当地反规范化设计，例如增加冗余列、增加派生列、重新组表等，也将有助于提高索引效率。

二、多源遥感数据库

（一）多源遥感数据库的作用

长久以来，随着遥感影像技术的提高，时间分辨率[1]、空间分辨率[2]和光谱分辨率[3]的数值也在不断增加。在如今的 ArcGIS 平台上，多源遥感数据（multi-source remote sensing data）

1　时间分辨率：指同一个场景的最小观测时间周期间隔，也称最小观测覆盖周期。周期间隔越大，时间分辨率越低；周期间隔越小，分辨率越高（单位为 s、min、d、a 等）。

2　空间分辨率：指遥感影（图）像上可分辨目标细节的最小单元尺寸或大小（像元大小、解像率，单位为 m、m^2、线对、mm 等）。

3　光谱分辨率：即光谱的探测能力，探测光谱辐射能量的最小波长间隔（$\lambda / \Delta \lambda$），波段分得越细，波段越多，光谱分辨率就越高。

持续为 GIS 数据库提供着更稳定、可靠的数据源。遥感影像的多源化是指单个传感器在不同时段获得同一个场景的 RS，或者多个传感器接收同一个场景的 RS[1]。多源遥感数据与 GIS 的集成对数据库系统的研究主要有如下几点帮助。

（1）遥感影像能够使得研究人员获得一手的大面积区域性数据，通过与实时的采样点进行照片对比，可以更为精确地调节数据精度。

（2）遥感影像丰富了 GIS 数据的层次与结构。遥感影像层的建立大大促进了数字高程模型层、网络层、水系层等专题层级的串联。

（3）勘测与操作场地的选择更为灵活，可以结合场地无人机航拍与室内传感平台进行信息处理。

（4）多源遥感影像数据与 GIS 数据库能够通过数学分析模型无缝对接，增强了景观因子的精确性，使得各因素的分析得以建立在定量分析模型的基础之上。

（二）多源遥感数据库的构建逻辑

用于纳入 GIS 集成数据库的类别主要包括 Aster、Landsat、ZY-2、QuickBird 四种格式，在得到不同空间分辨率后，可以采用几何校正、图像镶嵌等手段对多源遥感影像数据的结构逻辑进行整理。接着通过统一的垂直坐标系统（通用横轴墨卡托，UTM）建立不同时间、空间分辨率的遥感数据之间的联系，同时为了方便集成处理，不同格式的数据文件应该按照需求进行有区别的统一格式命名，例如以"数据类型—成像时间—代号—分辨率"的顺序依次存储。

具体的集成应用结构可以采用以下三种级别的逻辑[2]。

（1）在现有地理信息数据库与图像分析系统之间建立转换接口，使得 GIS 数据的矢量结构以及与其平行的 RS 栅格处理结构在图像信息处理阶段能够进行数据转换，以满足用户端的不同需求。

（2）共用同一用户端接口，将"栅格数据—图像处理与矢量数据（属性数据＋制图数据）—图像处理"步骤相结合，统一不同格式的数据录入，并且进行误差分析和遥感数据分析。

（3）利用 ArcGIS 系统平台将 RS 与 GIS 整合。在初始阶段就可以与测量信息系统进行结合，统一编译矢量数据（点、线、弧段的坐标序列）与栅格数据（图像元的色相、色调以及灰度），并且在同一阶段纳入属性值；然后使用 ArcCatalog 工具集对数据进行纳入处理；最后采用系统本身的各类可视化工具得到同时显示的效果，并传达到用户端接口，实现多源遥感影像的统一开发、无缝集成。

三、空间信息数据库

基于前文所介绍的空间信息数据库（spatial database，SD）搭建逻辑，本小节系统地介绍

1　ZHANG J X. Multi-Source Remote Sensing Data Fusion：Status and Trends［J］.International Journal of Image and Data Fusion，2010，1（1）：5-24.

2　李晓，张剑锋，林忠，等．基于 MapX+Visual Basic 的专题地理信息系统二次开发——以开发海洋功能区划管理信息系统为例［J］.福建师范大学学报（自然科学版），2002，18（4），105-109，120.

了空间数据库的搭建步骤以及当前较为先进的技术手段。首先以坐标投影、位置、几何特征、dBase 等信息为基础进行图像与属性数据库建立，随后利用 ArcCatalog 与 SQL 技术进行数据库的要素集、要素类、集合网络、关系信息的收集、分析与纳入，并搭建关系数据网络，最后完成 SD 的建立（图 6-9）。

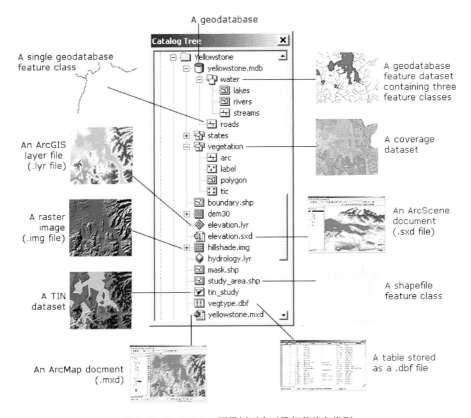

图 6-9　ArcCatalog 图录树列表以及相关信息类别

其具体的基本构建逻辑如下。

（一）基础信息数据的收集

相关勘测工作通常会同时采取多种数据获取方法以满足项目或研究对于数据质量与数量的需求。当前主要的基础空间信息数据的获取方法分为数据收集（data collection）与数据捕获（data capture）[1,2]。其中数据收集的主要形式包括图纸（屏幕矢量化）、跟踪数字化、摄影测量、多维激光扫描、遥感影像、GPS 测量、大地测量、全站仪测量、无人机系统（UAV system）测量、统计报表、年鉴、问卷调查与统计分析、多媒体数据交换、移动测绘系统 （mobile mapping

1　YASTIKLI N，BAGCI I，BESER C.The Processing of Image Data Collected by Light UAV Systems for GIS Data Capture and Updating［J］. The International Archives of the Photogrammetry，Remote Sensing and Spatial Information Sciences，2013，40：267-270.
2　李德仁，王树良，李德毅 . 空间数据挖掘理论与应用 [M]. 北京：科学出版社，2006.

system）以及已建立的数字高程模型（digital elevation model，DEM）、数字地质填图（digital geological mapping，DGM）等[1, 2, 3]。数据捕获是指基于互联网平台与各类数据挖掘和检索技术相结合的一种整合型信息技术提取手段。通过应用工具或代码编程对网络 GIS 数据平台（Web-based GIS）、地图数字化程序、空间地理信息软件、地理空间云服务平台、开源数据中心网站、网络实时地图网站等进行数据提取与二次整理[4, 5]。

数据获取的手段不一，数据的形式、单位及其格式也较为多样。通常空间信息数据库所包括的文件格式有".shp（几何特征）" ".dbf（属性）" ".mdb" ".shx（关系值）" ".dwg" ".img" ".ipg" ".png" ".access" ".xls/xlsx" ".doc" ".txt" ".tiff" ".archinfo" ".sbn" ".sbx（空间引索）" ".mapinfo" ".mif" ".mrsid" ".prj（投影）" ".ecw" ".NTFcadastral" ".ungenerate"等。根据数据的格式与体量，项目需要对数据前期的预处理步骤进行针对性的设计[6, 7, 8, 9, 10]。在数据录入和编辑过程中需要进行图像色彩与几何校正、数据匹配与数据误差校正、拓扑关系检验等。同时，各类文件通常需要进行格式转化以便后期分析工具的识别并且最大化地保留初始信息的有效传递。

（二）构建空间属性数据库

属性数据库（attribute database）是指为对应的空间图像数据及其点、线、面赋予数值或文档属性并具有一定分层结构的基础数据仓库[11]。属性数据库通常以表格应用为主要形式，其内容服务于项目或研究的目标，需保证其完整性、一致性、高精度，并且满足数据库管理与构建

1　TAHAR K N. A New Approach on Slope Data Acquisition Using Unmanned Aerial Vehicle［J］. IJRRAS，2012，13（3）：780-785.

2　JANKAUSKIENĖ D，KUKLYS I，KUKLIENĖ L，et al.Surface Modelling of a Unique Heritage Object：Use of UAV Combined with Camera and LiDAR for Mound Inspection[C]//Latvia University of Life Sciences and Technologies. Research for Rural Development 2020：Annual 26th International Scientific Conference Proceedings.2020.

3　MUKHERJEE S，JOSHI P K，MUKHERJEE S，et al. Evaluation of Vertical Accuracy of Open Source Digital Elevation Model（DEM）［J］. International Journal of Applied Earth Observation and Geoinformation，2013，21：205-217.

4　DRAGICEVIC S. The Potential of Web-Based GIS［J］. Journal of Geographical Systems，2004，6（2）：79.

5　ADNAN M，SINGLETON A，LONGLEY P.Developing Efficient Web-Based GIS Applications［J］.2010.

6　HERMAWATI R，SITANGGANG I S.Web-Based Clustering Application Using Shiny Framework and DBSCAN Algorithm for Hotspots Data in Peatland in Sumatra［J］. Procedia Environmental Sciences，2016，33：317-323.

7　DECKER J.ECCD for Advanced Tokamak Operations Fisch - Boozer Versus Ohkawa Methods[C]//American Institute of Physics.AIP Conference Proceedings.2003.

8　LEWIS R B.ArcView 3.2a，MapInfo 6.0，and Manifold 4.5：A Comparative Review of Geographical Information System Software［J］.Field Methods，2000，12（4）：358-377.

9　BIRDIE C.Preserving for Future［J］.Technology Issues，2009.

10　DONATIS M D，BRUCIATELLI L.MAP IT：The GIS Software for Field Mapping with Tablet pc［J］. Computers & Geosciences，2006，32（5）：673-680.

11　GOYAL H,SHARMA C,JOSHI N. An Integrated Approach of GIS and Spatial Data Mining in Big Data[J］. International Journal of Computer Applications，2017，169（11）：1-6.

的需求。考虑到后期的可操作性，属性数据库的建立需尽可能地减小误差，避免冗余、不实用、不规范等问题[1, 2]。

属性数据通常通过属性表应用键入，数据类型包括短整型、长整型、浮点型、双精度型、文本型、数字/序列型、日期/时间型、二进制对象、栅格数据、标识/符号等形式。表格内的信息数据需要按照属性数据库的要求进行标准化处理，以避免不可预测的错误以及降低后期处理的难度。数据需要具备一定检索提取的功能，需要对数据按类别进行命名、路径核对、分类、分层。数据成果可以采用拓扑、自相交、共线性等方法进行预处理与检验[3]。另外，由于属性数据库具有较高的时限性，需要频繁维护和更新，相关作业人员应该对该类数据库进行质量监控、权限、安全体系等方面的把关。

（三）空间参考的选择

空间参考是基于大地水准面和参考椭球体，对所收集的空间数据信息进行地理坐标位置匹配，以得到空间参考标识符（SRID）[4, 5, 6]。在 ArcGIS 中需要利用 ArcMap 将数据集匹配至地理坐标系（GCS）、投影坐标系（PCS）以及局部坐标系中[7, 8, 9]。GCS 以十进制为单位，需要确定数据单位的经纬度以用于与 GIS 数据配合。国际上主要采用的地理坐标体系为 NAD83、NAD84 等，我国通常采用的地理坐标体系包括 WGS-84、北京 54、西安 80。PCS 用于配合 GIS 和 CAD 等应用数据，通常使用 UTM Zone 坐标体系[10, 11]。局部坐标系则通常基于图像应用程序中的坐标原点（0，0）进行匹配。每一个空间参考的可调值域信息包括 XY 值域、Z 值域、

1　吴永辉．消除结构冗余的 XML 数据库模式规范化设计［J］．计算机研究与发展，2004，41（10）：1809-1814．

2　孟华，丁蕾，李晓东，等．松嫩平原湿地数据模型与 GIS 数据库的设计［J］．计算机工程与应用，2005，41（31）：185-188．

3　ZAHARESCU A，BOYER E，HORAUD R.TransforMesh：A Topology-Adaptive Mesh-Based Approach to Surface Evolution[C]//Computer Vision - ACCV 2007：8th Asian Conference on Computer Vision. 2007.

4　DAVIS S. GIS for Web 应用开发之道［M］．蒋波涛，译．北京：电子工业出版社，2008．

5　CASAGRANDE L，CAVALLINI P，FRIGERI A，et al. GIS Open Source：GRASS GIS，Quantum GIS and SpatiaLite［J］.Dario Flaccovio Editore，2014.

6　KOLBE T H，NAGEL C，HERRERUELA J.3D City Database for CityGML［J］.Addendum to the 3D City Database Documentation Version，2013，2（1）．

7　胡鹏，吴艳兰，杨传勇，等．大型 GIS 与数字地球的空间数学基础研究［J］．武汉大学学报（信息科学版），2001，26（4）：296-302．

8　PARK J Y，KIM S T，LEE J K，et al.Method of Operating a GIS - Based Autopilot Drone to Inspect Ultrahigh Voltage Power Lines and Its Field Tests［J］.Journal of Field Robotics，2020，37（3）：345-361.

9　DENG Q C，QIN F C，ZHANG B，et al.Characterizing the Morphology of Gully Cross-Sections Based on PCA：A Case of Yuanmou Dry-Hot Valley［J］.Geomorphology，2015，228：703-713.

10　SNAY R A，SOLER T.Modern Terrestrial Reference Systems Part 3：WGS 84 and ITRS［J］.Professional Surveyor，2000，20（3）：1-3.

11　RISHE N，SUN Y，CHEKMASOV M，et al.System Architecture for 3D Terrafly Online GIS[C]//IEEE. IEEE Sixth International Symposium on Multimedia Software Engineering.2004（12）：273-276.

M 值域、XY 值域模板和 XY 值域增长百分比参数。项目通常会根据不同的需求选择相应的坐标系以及投影方式。

（四）关系数据库以及 Geodatabase 的构建

依结构完成基础信息数据及其属性数据的收集与整理后，基于数据表格之间的关联构建数据结构模型。基于数据结构的特点，通常将数据结构类型统分为层次数据库（hierarchical database）、网状数据库（network database）及关系数据库（ralational database，RDBS），本研究主要采用的是关系数据库模型（图 6-10）[1, 2, 3, 4]。关系数据库是基于关系模型、集合代数、二进制大对象（binary large objects，BIOBs）等概念所建立的数据库，其主要服务于数据点、图形栅格点或数据集之间关联的描述、分析。

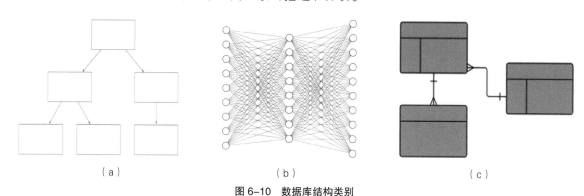

（a）　　　　　　　　　　　　（b）　　　　　　　　　　　　（c）

图 6-10　数据库结构类别

（a）层次数据库；（c）网状数据库；（c）关系数据库

有别于传统数据库，一个关系数据库通常由若干个相关数据集合所组成[5, 6]。关系数据库通常也以二维表格的方式呈现，每行的数值都被赋予一个独有的 ID，每列都属于同列数据，具有原子性，不可分解，除首行外，同行或同列数据可以互换。搭建一个 RDBS 的基本步骤包括以下几步。

（1）分析数据：先了解需要存储的数据，然后进行分析，归纳出各个数据表和它们之间的关系。

1　HO J S, AKYILDIZ I F.Dynamic Hierarchical Database Architecture for Location Management in PCS Networks［J］.IEEE/ACM Transactions on Networking，1997，5（5）：646-660.

2　PYO C W, LI J, KAMEDA H, et al. Dynamic Location Management with Caching in Hierarchical Databases for Mobile Networks［J］.Lecture Notes in Computer Science，2002：253-267.

3　信俊昌，王国仁，李国徽，等.数据模型及其发展历程［J］.软件学报，2019，30（1）：142-163.

4　BLACK J, ELLIS T, MAKRIS D.A Hierarchical Database for Visual Surveillance Applications［J］.2004 IEEE International Conference on Multimedia and Expo（ICME），2004（3）：1571-1574.

5　SHAPIRO M, MILLER E.Managing Databases with Binary Large Objects[C]//16th IEEE Symposium on Mass Storage Systems in Cooperation with the 7th NASA Goddard Conference on Mass Storage Systems and Technologies.1999（3）：185-193.

6　瞿裕忠，胡伟，郑东栋，等.关系数据库模式和本体间映射的研究综述［J］.计算机研究与发展，2008，45（2）：300-309.

（2）设计数据表：根据分析的结果，开始设计数据表，每个表存储一个实体，并包含它们的属性。

（3）设计表之间的关系：确定表之间的主键和外键，以创建表之间的关系。

（4）规范化表：遵循规范化原则，将表分解为更小的、更具体的表，以减少冗余数据。

（5）创建表：在数据库管理系统中创建表，并添加必要的约束、默认值和索引。

（6）插入数据：将数据插入所创建的表中。

（7）查询数据：使用 SQL 查询语言检索和处理数据。

（8）维护数据：根据需求更新、删除或插入新的数据，并根据需要修改表结构。

关系数据库的构建需要仔细规划和设计，遵循严格的规范化原则，并逐步实施和维护。

当前主流的关系数据库管理系统（relational database management system，RDBMS）包括 SQL Server、MySQL、FoxPro、Access、Oracle、SQLite、IBM DB2、Sybase、MariaDB、VF、Dameng、IBM Infomix、SAP HANA、OGC GeoPackage、Teradata Data Warehouse、PostgreSQL 等。其中 SQL Server、Oracle、SQLite、IBM DB2、Dameng 等已经普遍被用作 SD 与 geodatabase 相关研究的 RDBMS[1, 2, 3]。此外，Oracle 旗下的 MySQL 是一款成熟的集成型关系数据库管理系统，其在编辑使用上较为灵活，跨域简单，索引速度快，适用于多平台，同时支持开源免费。本书使用的 ArcGIS 将围绕 MySQL 拓展关系数据库管理系统，搭建 SD 的关系数据库。该数据库的建筑框架包括以下几步。

（1）通过实体关系图表工具（ERD）定义好 MySQL 数据库的表格结构。ERD 中需要定义默认值、排列法、属性值、Null 值、自动递增选项等关键参数。

（2）在 MySQL 中依次创建数据表格，设置字段值，输入名、行、列、值、属性、数据类等关键信息。

（3）在数据表格全部完成后，通过 MySQL 中的关系 "relationships" 工具根据 ERD 预设的结构，将所有表格赋予关系，并生成关系数据集。

（4）在数据集和表格完成之后，通过 phpMyAdmin 或 web 应用（CMS）来填充表格。

（5）设置用户特权以及其他安全选项。

（6）建立好的关系数据库与 ArcCatalog 将通过 ODBC API 驱动程序进行衔接与通信，数据传输的内容仅限表格 IDS、文字、数值。

（7）使用 ArcGIS 的 Select by Location 或者 ArcGIS Python 脚本建立图形要素，与 MySQL 关系数据库的空间关联。

将 ODBC 数据库与 ArcGIS 衔接的操作步骤包括以下几步。

（1）在 Windows 上配置 ODBC 数据源：打开 Windows 的控制面板，选择 "Administrative

1 ZAFAR R，YAFI E，ZUHAIRI M F，et al.Big Data：The NoSQL and RDBMS Review[C]//2016 International Conference on Information and Communication Technology （ICICTM）.2016（5）：120–126.

2 SAHOO S S，HALB W，HELLMANN S，et al.A Survey of Current Approaches for Mapping of Relational Databases to RDF［J］.W3C RDB2RDF Incubator Group Report，2009（1）：113–130.

3 ISLAM K，AHSAN K，BARI S A K，et al.Huge and Real–Time Database Systems：A Comparative Study and Review for SQL Server 2016，Oracle 12c & MySQL 5.7 for Personal Computer［J］.Journal of Basic & Applied Sciences，2017，13：481–490.

Tools"→"ODBC Data Sources"，在"User DSN"选项卡中，选择"MySQL ODBC Driver"，点击"Configure"按钮，输入 MySQL 数据库的连接信息，测试连接是否成功。

（2）打开 ArcGIS：打开 ArcGIS 软件，选择"Add Data"→"Add OLE DB Connection"。

（3）在"Data Link Properties"中设置连接属性：在"Provider"选项卡中，选择"Microsoft OLE DB Provider for ODBC Drivers"，在"Connection"选项卡中，选择 ODBC 数据源，并输入用户名和密码。

（4）测试连接：点击"Test Connection"按钮，测试连接是否成功。

（5）添加 MySQL 数据库表：在"Add OLE DB Connection"对话框中，选择 MySQL 数据库中的表并添加到 ArcGIS 中。

第四节　数据库设计

为了保证数据的存储、检索与开发过程灵活高效，城市湖泊及河流景观空间信息数据库需要划分为一系列子系统，以弱化数据库各要素自身的复杂性以及抽象性。合理的建库思想与原则能够保证建库过程规范化、标准化、系统化，同时减少数据冗余，降低开发难度以及开发成本。

一、数据库的组成

子系统建议划分为四大主要类别，内容如下。

（一）系统数据库

系统数据库用于存储 ArcGIS 软件的元数据、配置信息、用户权限和工具箱模型等数据。它包括四个部分，即地理空间数据库（geodatabase）、内容管理数据库（content management database）、服务定义数据库（service definition database）和目录数据库（catalog database）。这些数据库可以存储各种类型的地理空间数据，如点、线、面、栅格等，并提供空间数据管理和分析功能。它们是 ArcGIS 软件运行的基础，为用户提供了丰富的地理信息服务。系统数据库具体包括不同层级与比例关系的空间分幅索引、元数据文档以及代码编译平台、图属关联数据、服务器平台信息、用户管理以及权限数据等。

（二）空间数据库

空间数据库是用于存储、管理和查询空间信息的数据库，主要包括景观图层数据、景观要素属性数据、空间分析数据等各类景观空间数据。空间数据库能够提供有效的数据管理和查询功能，使得空间数据能够方便快捷地进行调取、分析和应用。空间数据库具体包括基础湖泊及河流景观空间数据、专业环境信息数据（测绘数据）、空间信息数据（dBase、Borland Paradox、Microsoft Access、FoxBase）、遥感影像数据、可视化文件等。

（三）属性数据库

属性数据库包括湖泊及河流属性、景观文化属性、场地历史变迁、当地人居状态、土地利用形式、业务信息数据等。

（四）符号库

符号库包括软件界面识别代号（Arc-Object）、实体空间信息符号，如湖泊信息观测"Point"、道路系统"Polyline/Paths/Segements"、亲水区域划分"Polygon"、文字/标注/符号属性"TXSX"等。

二、数据库的设计原则

城市湖泊及河流景观空间信息数据库的设计基于场地数据模型以及一个具有针对性的数据库管理系统。在系统基础设施的设计过程中，数据的筛选、逻辑的梳理、图层的划分、拓扑关系的建立、地理信息的表达均需遵循一定的原则，包括以下几个方面。

（一）数据的现势性原则

城市湖泊及河流景观的亲水性与其场地周遭的环境变化有着紧密的联系，任何人工建设项目或自然因子的变动都会影响人与水系之间的关系，将数据现势性作为基础的系统框架设计原则能够最大限度地保证数据的时效性与准确度。

（二）数据统计的系统性与完整性原则

正如前文所述，湖泊及河流景观亲水性的研究因涉及多学科领域，而导致数据种类繁杂、叠加性高。在统计数据集的过程中，必须针对各个不同类别的数据进行系统且完善的整理，以尽量避免重复、无效的数据。

（三）数据的开源性与可扩充性原则

正因为随着时间的推移，城市肌理在不断变化更新，所以滨水景观空间数据必须具备简易的可调整编译方案，在保证原有数据的稳定与安全的前提下使研究和开发人员能在特定的需求下对数据库进行扩充，是保证数据长期有效的必要策略。

（四）数据分类与编码的规范化与标准化原则

城市湖泊及河流景观的亲水性研究成果将服务于多个领域，为了使其数据库更具准确性、实用性，且便于各类项目和专业人员使用，则必须按照相关的制图规范与国家数据库设计规范进行设计，例如，《国家基本比例尺地图图式 第1部分：1∶500 1∶1000 1∶2000 地形图图式》（GB/T 20257.1—2017）、《国家基本比例尺地图图式 第2部分：1∶5000 1∶10000 地形图图式》（GB/T 20257.2—2017）、《基础地理信息要素分类与代码》（GB/T 13923—2022）、《城市用地分类与规划建设用地标准》（GB 50137—2011）、《城市规划制图标准》（CJJ/T 97—2003）、《城市居住区规划设计标准》（GB 50180—

2018）、《城市地理要素编码规则 城市道路、道路交叉口、街坊、市政工程管线》（GB/T 14395—2009）、《城市建设档案著录规范》（GB/T 50323—2001）等。数据库、图形数据与数据门类、表类则应按照拼音首字母的顺序来编辑命名。

（五）数据的逻辑构架统一性原则

城市湖泊及河流景观空间的数据库结构直接决定了抽象信息的可读性，具体数据应该从哪些数据库表及视图中提取，以及各要素之间的层次顺序关系。其逻辑构架的清晰合理与否也同时决定着数据库的使用和维护效率。在清晰的逻辑构架下，技术人员能够清晰地完善信息节点，用户与甲方也能在抽象的意识形态下对数据进行提取，以便于项目的决策。

三、数据库的设计步骤

在确定了影响城市湖泊及河流景观亲水性的相关因子之后，特别是已经收集到了各种形式的空间信息数据之后，为了对这些数据进行量化转换，就需要建立较完整的湖泊及河流景观亲水性数据库。数据库的设计可选择遵循如图 6-11 所示的几个步骤完成。

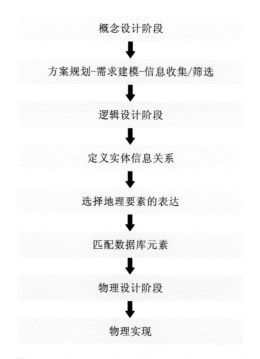

图 6-11 ArcGeodatabase 数据库的基本设计步骤

通过对与城市湖泊及河流景观亲水性相关因子的可获得性、与湖泊及河流的关联度、对城市居民亲水行为活动的影响方式和触发频率等特性的综合分析，来对因子进行有效性筛查，选取可纳入城市湖泊及河流景观亲水性空间信息数据库的部分，并分类列出。对所筛选的不同种类的城市湖泊及河流景观亲水性影响因子的采集方法进行比选，选择适宜的样本进行实际数据的测量与搜集。首先，对城市湖泊及河流环境现状信息进行分析整理，按照地理位置、地形地貌、水域面积、高程等信息建立基础数据库。其次，将环境调查、社会调查所获取的文本信息经过总结、归纳后输入计算机，并对现场照片、资料照片等图像进行扫描，将这些图片信息作为属性数据输入其中。然后，将测量得到的湖泊及河流位置、岸线形态、采样点位置等数据录入，作为空间数据对其进行定位。最后，利用 ArcGIS 的空间分析功能（包括栅格数据分析、矢量数据分析、空间统计分析、内插以及三维空间分析等）对部分较为笼统、抽象的因子进行量化分析，形成城市湖泊及河流景观亲水性数据库的一手资料，为最终形成完整的数据体系奠定基础。

四、ArcGIS 与数据库集成

结合 ArcGIS 技术对收集的大量数据进行系统的分类、整理，建立较为全面的城市湖泊景观亲水性现状空间信息数据库模型，在 Excel 表格中对以上属性数据资料按类别进行整理，分别制成表格，每个数据表中的点、线、面等不同的空间要素分别被赋予不同的编码，并将该编码作为和文本、图像库相关联的公共项，整个数据库最终以"*.dbf"格式存储。

将属性数据中空间要素的平面位置提取出来，通过编码，结合 ArcGIS 软件平台，将地形图图层和城市湖泊景观现状图进行匹配，并将前期收集的数据及文本资料通过平台中的连接功能进行集成化表达，使功能与属性数据表以及空间分布图层能相互对应地连接在一起，力求将数据库内所有相关数据进行清晰、完整、具有较强逻辑关联性的可视化呈现。

参 考 文 献

[1] ADNAN M, SINGLETON A, LONGLEY P. Developing Efficient Web-Based GIS Applications [J].2010.

[2] AHERN J. Spatial Concepts, Planning Strategies and Future Scenarios: A Framework Method for Integrating Landscape Ecology and Landscape Planning [M] //Landscape Ecological Analysis. New York: Springer, 1999: 175-201.

[3] AL-KODMANY K. Combining Artistry and Technology in Participatory Community Planning [J]. Berkeley Planning Journal, 2016, 13 (1).

[4] BATTY M, DENSHAM P. Decision Support, GIS and Urban Planning [J]. Modern Language Review, 1996, 6 (1): 723-739.

[5] BINDER W, JUERGING P, KARL J. Naturnaher Wasserbau Merkamale und Grenzen [J].Garten und Landschaft, 1983, 93 (2): 91-94.

[6] BIRDIE C. Preserving for Future [J].Technology Issues, 2009.

[7] BLACK J, ELLIS T, MAKRIS D. A Hierarchical Database for Visual Surveillance Applications[J].2004 IEEE International Conference on Multimedia and Expo(ICME), 2004 (3): 1571-1574.

[8] BOROMISZA Z, TÖRÖKÉ P, ÁCS T. Lakeshore-Restoration-Landscape Ecology-Land Use: Assessment of Shore-Sections, Being Suitable for Restoration, by the Example of Lake Velence (Hungary) [J]. Carpathian Journal of Earth and Environmental Sciences, 2014, 9 (1): 179-188.

[9] CALABRESE J M, FAGAN W. A Comparison-Shopper's Guide to Connectivity Metrics [J]. Front Ecol Environ, 2004, 2 (19): 529-536.

[10] Canter L W. Environmental Impact Assessment [M]. New York: McGraw-Hill, 1996.

[11] CASAGRANDE L, CAVALLINI P, FRIGERI A, et al. GIS Open Source: GRASS GIS, Quantum GIS and SpatiaLite [J]. Dario Flaccovio Editore, 2014.

[12] COPPIN N J, RICHARDS I G. Use of Vegetation in Civil Engineering[M]. Butterworths: CIRIA, 1990.

[13] DANGERMOND J. GIS: Geography in Action[C]//Acm SigSpatial International Conference on Advances in Geographic Information Systems. ACM, 2008.

[14] DAVIS S. GIS for Web 应用开发之道 [M]. 蒋波涛，译. 北京：电子工业出版社，2008.

[15] DECKER J. ECCD for Advanced Tokamak Operations Fisch - Boozer Versus Ohkawa Methods[C]//American Institute of Physics. AIP Conference Proceedings. 2003.

[16] DENG Q C, QIN F C, ZHANG B, et al.Characterizing the Morphology of Gully Cross-Sections Based on PCA: A Case of Yuanmou Dry-Hot Valley [J].

Geomorphology, 2015, 228: 703-713.

[17] DINDORF C J, HENDERSON C L, ROZUMALSKI F J. Lakescaping for Wildlife and Water Quality [M]. Minnesota Department of Natural Resources, 1999: 176.

[18] DONATIS M D, BRUCIATELLI L.MAP IT: The GIS Software for Field Mapping with Tablet pc [J].Computers & Geosciences, 2006, 32 (5): 673-680.

[19] DRAGICEVIC S. The Potential of Web-Based GIS [J]. Journal of Geographical Systems, 2004, 6 (2): 79.

[20] ENGEL S, PEDERSON J L. The Construction, Aesthetic and Effects of Lakeshore Development: A Literature Review [R]. Madison: Wisconsin Department of Natural Resources, 1998.

[21] ERVIN S. A System for GeoDesign [J].Proceedings of Digital Landscape Architecture, 2012: 145-154.

[22] ERVIN S M. Trends in Landscape Modeling [J]. Proceedings at Anhalt University of Applied Sciences, 2003.

[23] FALKENMARK M. Water Management and Ecosystems: Living with Change[C]// Global Water Partnership Technical Committee Background Papers. 2003(9): 6-20.

[24] FEDRA K. GIS and Environmental Modeling [J]. Environmental Modeling With GIS, 1994: 35-50.

[25] FELFÖLDY L. Fundamental Hydrobiology (In Hungarian) [J]. Mezogazdasági Kiadó, 1981: 73-80.

[26] FISCHER R A, FISCHENICH J C. Design in Recommendations for Riparian Corridors and Vegetated Buffer Strips [R]. US Army Engineer Research and Development Center, Environmental Laboratory, 2000.

[27] FLAXMAN M. Fundamentals of GeoDesign [J].Digital Landscape Architecture, 2010:28-41.

[28] GLASSON J, THERIVEL R, CHADWICK A. Introduction to Environmental Impact Assessment [J]. Water Resources Protection, 2011, 32 (3): 197-198.

[29] GONTIER M. Scale Issue in the Assessment of Ecological Impacts Using a GIS-based Habitat Model—A Case Study for the Stockholm Region [J]. Environmental Imapct Assessment Review, 2007, 27 (5): 440-459.

[30] GOODCHILD M F. The State of GIS for Environmental Problem-Solving [J]. Environmental Modeling With GIS, 1993: 8-15.

[31] GOYAL H, SHARMA C, JOSHI N. An Integrated Approach of GIS and Spatial Data Mining in Big Data [J].International Journal of Computer Applications, 2017, 169 (11): 1-6.

[32] HANSSON L A, BRODERSEN J, CHAPMAN B B, et al. A Lake as a Microcosm: Reflections on Developments in Aquatic Ecology[J]. Aquatic Ecology, 2013, 47(2): 125-135.

[33] HERMAWATI R，SITANGGANG I S.Web-Based Clustering Application Using Shiny Framework and DBSCAN Algorithm for Hotspots Data in Peatland in Sumatra［J］. Procedia Environmental Sciences，2016，33：317-323.

[34] HESSION W C，JOHNSON T E，CHARLES D F，et al. Ecological Benefits of Riparian Reforestation in Urban Watersheds：Study Design and Preliminary Results［J］. Environmental Monitoring and Assessment，2000，63（1）：211-222.

[35] HO J S，AKYILDIZ I F.Dynamic Hierarchical Database Architecture for Location Management in PCS Networks［J］.IEEE/ACM Transactions on Networking，1997，5（5）：646-660.

[36] HOHMANN J，KONOLD W.Flussbaumassnahmen an Der Wutach und Ihre Bewertung Aus Oekologischer Sicht［J］.Deutsche Wasser Wirtschaft，1992，82（9）：434-440.

[37] HUFFORD K M，MAZER S J. Plant Ecotypes：Genetic Differentiation in the Age of Ecological Restoration［J］.Trends in Ecology and Evolution，2003，18（3）：147-155.

[38] HUTCHINSON G. A Treatise on Limnology：Geography，Physics and Chemistry［M］. New York：John Wiley and Sons，1957.

[39] ISLAM K，AHSAN K，BARI S A K，et al.Huge and Real-Time Database Systems：A Comparative Study and Review for SQL Server 2016，Oracle 12c & MySQL 5.7 for Personal Computer［J］. Journal of Basic & Applied Sciences，2017，13：481-490.

[40] JANKAUSKIENĖ D，KUKLYS I，KUKLIENĖ L，et al.Surface Modelling of a Unique Heritage Object：Use of UAV Combined with Camera and LiDAR for Mound Inspection[C]//Latvia University of Life Sciences and Technologies. Research for Rural Development 2020：Annual 26th International Scientific Conference Proceedings. 2020.

[41] KIEMSTEDT H. Landscape Planning：Contents and Procedures［J］. The Federal Minister for Environment，Nature Protection and Nuclear Safety，Germany，1994.

[42] KOLBE T H，NAGEL C，HERRERUELA J. 3D City Database for CityGML［J］. Addendum to the 3D City Database Documentation Version，2013，2（1）.

[43] KRIEGER A. Remarking the Urban Waterfront［M］. Fort Lauderdale：ULI Press，2003.

[44] LANGE E. Integration of Computerized Visual Simulation and Visual Assessment in Environmental Planning［J］. Landscape and Urban Planning，1994，30（1-2）：99-112.

[45] LANSFORD N H，JONES L L. Marginal Price of Lake Recreation and Aesthetics：An Hedonic Approach［J］. Journal of Agricultural and Applied Economics，1995，27（1）：212-223.

[46] LEWIS R B. ArcView 3.2a，MapInfo 6.0，and Manifold 4.5：A Comparative Review

of Geographical Information System Software［J］.Field Methods，2000，12（4）：358–377.

[47] LUNDELL Y. Access to the Forests for Disabled People［R］. Jönköping：National Board of Forestry，2005.

[48] MAANTAY J，ZIEGLER J，PICKLES J. GIS for the Urban Environment［J］. Journal of the American Planning Association，2006，74（2）：225–255.

[49] MAHAN B L，POLASKY S，ADAMS R M. Valuing Urban Wetlands：A Property Price Approach［J］. Land Economics，2000，76（1）：100–113.

[50] MCNEILL J R，ENGELKE P. The Great Acceleration：An Environmental History of the Anthropocene Since 1945［M］. Massachusetts：The Belknap Press of Harvard University Press，2014.

[51] MITSCH W J，JORGENSEN S E.Ecological Engineering：An Introduction to Ecotechnology[M].New York：John Wiley and Sons，1989.

[52] MITTSCH W J，JORGENSEN S E. Ecological Engineering and Ecosystem Restoration[M].New York：John Wiley and Sons，2004.

[53] MUKHERJEE S，JOSHI P K，MUKHERJEE S，et al. Evaluation of Vertical Accuracy of Open Source Digital Elevation Model（DEM）［J］. International Journal of Applied Earth Observation and Geoinformation，2013，21：205–217.

[54] NAIMAN R J，DÉCAMPS H. The Ecology of Interfaces：Riparian Zones［J］.Annual Review of Ecology and Systematics，1997，28：621–658.

[55] NASELLI–FLORES L. Urban Lakes：Ecosystems at Risk，Worthy of the Best Care[J]. The 12th World Lake Conference，2008：1333–1337.

[56] NAVEH Z. 景观与恢复生态学——跨学科的挑战[M]. 李秀珍,冷文芳,解伏菊,等译. 北京: 高等教育出版社，2010.

[57] NORDIN A R. Bioengineering to Ecoengineering［J］.International Group of Bioengineers Newsletter，1993（3）.

[58] OSTENDORP W，SCHMIEDER K，JÖHNK K. Assessment of Human Pressures and their Hydromorphological Impacts on Lakeshores in Europe［J］. International Journal of Ecohydrology and Hydrobiology，2004，4（4）：379–395.

[59] PARK J Y，KIM S T，LEE J K，et al.Method of Operating a GIS - Based Autopilot Drone to Inspect Ultrahigh Voltage Power Lines and Its Field Tests［J］.Journal of Field Robotics，2020，37（3）：345–361.

[60] PIETSCH M. GIS in Landscape Planning［J］. Landscape Planning，2012（6）：55–84.

[61] PYO C W，LI J，KAMEDA H，et al. Dynamic Location Management with Caching in Hierarchical Databases for Mobile Networks［J］.Lecture Notes in Computer Science，2002：253–267.

[62] REE W O,PALMER V J. Flow of Water in Channels Protected by Vegetative Lining[J].

Technical Bulletins，1949.

[63] RISHE N, SUN Y, CHEKMASOV M, et al.System Architecture for 3D Terrafly Online GIS[C]//IEEE.IEEE Sixth International Symposium on Multimedia Software Engineering.2004（12）：273-276.

[64] SAHOO S S, HALB W, HELLMANN S, et al.A Survey of Current Approaches for Mapping of Relational Databases to RDF［J］. W3C RDB2RDF Incubator Group Report, 2009（1）：113-130.

[65] SCHALLER J, MATTOS C. ArcGIS ModelBuilder Applications for Landscape Development Planning in the Region of Munich, Bavaria［J］. 2010.

[66] SCHLÜETER U. Ueberlegungen Zum Naturnahen Ausbau Von Wasseerlaeufen［J］. Landschaft und Stadt, 1971, 9（2）：72-83.

[67] SCHUELER T, SIMPSON J. Why Urban Lakes are Different［J］. Ratio, Urban Lake Management, 2001：747-750.

[68] SCHWARZ-V H G, RAUMER A S.GeoDesign：Approximations of a Catchphrase［J］. Digital Landscape Architecture, 2011：106-115.

[69] SEIFERT A. Naturnäeherer Wasserbau［J］. Deutsche Wasser Wirtschaft, 1983, 33（12）：361-366.

[70] SHAPIRO M, MILLER E.Managing Databases with Binary Large Objects[C]//16th IEEE Symposium on Mass Storage Systems in Cooperation with the 7th NASA Goddard Conference on Mass Storage Systems and Technologies.1999（3）：185-193.

[71] SNAY R A, SOLER T. Modern Terrestrial Reference Systems Part 3：WGS 84 and ITRS［J］. Professional Surveyor, 2000, 20（3）：1-3.

[72] SO ODONGO. Urban Heat Island：Investigation of Urban Heat Island Effect：A Case Study of Nairobi［D］. Nairobi：The University of Nairobi, 2016.

[73] SORANNO P A, SPENCE C K, WEBSTER K E, et al. Using Landscape Limnology to Classify Freshwater Ecosystem for Multi-Ecosystem Management and Conservation［J］.Bioscience, 2010（6）：440-454.

[74] STEINITZ C. Landscape Architecture into the 21st Century-Methods for Digital Techniques［J］. Digital Landscape Architecture, 2010.

[75] SZASZÁK G, FEKETE A, KECSKÉS T.Access to Waterfront Landscapes for Tourists Living with Disabilities［J］.YBL Journal of Built Environment, 2017, 5（1）：5-13.

[76] TAHAR K N. A New Approach on Slope Data Acquisition Using Unmanned Aerial Vehicle［J］. IJRRAS, 2012, 13（3）：780-785.

[77] TIMOTHY B. Planning and Sustainability：The Elements of a New Paradigm［J］. Journal of Planning Literature, 1995, 9（4）：383-395.

[78] WANG Z. Application of the Ecotone Theory in Construction of Urban Eco-Waterfront ［C］//2009 International Conference on Environmental Science and Information

Application Technology. 2009：316-320.

[79] WARREN-KRETZSCHMAR B，TIEDTKE S. What Role Does Visualization Play in Communication with Citizens?-A Field Study from the Interactive Landscape Plan［J］. Herbert Wichmann Verlag，2005：156-167.

[80] WU J.Key Concepts and Research Topics in Landscape Ecology Revisited： 30 Years After the Allerton Park Workshop［J］.Landscape Ecology，2013，28（1）：1-11.

[81] YASTIKLI N，BAGCI I，BESER C.The Processing of Image Data Collected by Light UAV Systems for GIS Data Capture and Updating［J］. The International Archives of the Photogrammetry，Remote Sensing and Spatial Information Sciences，2013，40：267-270.

[82] ZAFAR R，YAFI E，ZUHAIRI M F，et al.Big Data：The NoSQL and RDBMS Review[C]//2016 International Conference on Information and Communication Technology（ICICTM）.2016（5）：120-126.

[83] ZAHARESCU A，BOYER E，HORAUD R.TransforMesh：A Topology-Adaptive Mesh-Based Approach to Surface Evolution[C]//Computer Vision - ACCV 2007： 8th Asian Conference on Computer Vision. 2007.

[84] ZHANG J X. Multi-Source Remote Sensing Data Fusion：Status and Trends［J］. International Journal of Image and Data Fusion，2010，1（1）：5-24.

[85] 财团法人，河道整治中心.多自然型河流建设的施工方法及要点 [M].周怀东，杜霞，李怡庭，等译.北京：中国水利水电出版社，2003.

[86] 蔡宗霖.生态工法中预铸混凝土护坡最佳植被之调查 [D].台中：台湾逢甲大学，2003.

[87] 曾繁仁.论生态美学与环境美学的关系［J］.探索与争鸣，2008（9）：61-63.

[88] 曾庆祝.浅谈城市河湖的生态作用及建设［J］.江苏水利，2001（12）：12-13.

[89] 常磊，朱清科，薛智德.对恢复生态学几个问题的探讨[J].西北林学院学报，2008，23（1）：44-49.

[90] 陈伯超.景观设计学［M］.武汉：华中科技大学出版社，2010.

[91] 陈存友，胡希军，郑霞.城市湖泊景观保护利用规划研究——以益阳市梓山湖为例［J］.中国园林，2014（9）：42-45.

[92] 陈光庭.城市发展与河流关系三议［J］.城市问题，1998，81（1）:29-39.

[93] 陈海波.网格反滤生物组合护坡技术在引滦入唐工程中的应用［J］.中国农村水利水电，2001（8）：47-48.

[94] 陈明曦，陈芳清，刘德福.应用景观生态学原理构建城市河道生态护岸［J］.长江流域资源与环境，2007，16（1）：97-101.

[95] 陈述彭，鲁学军，周成虎.地理信息系统导论［M］.北京：科学出版社，1999.

[96] 陈望衡.环境美学的兴起［J］.郑州大学学报（哲学社会科学版），2007，40（3）：80-83.

[97] 城市土地研究学会.都市滨水区规划［M］.马青，马雪梅，李殿生，译.沈阳：辽宁科学技术出版社，2007.

[98] 崔承章，熊治平．治河防洪工程［M］．北京：中国水利水电出版社，2004.

[99] 丁旭．城市湖泊风景区景观规划与设计研究［D］．哈尔滨：东北林业大学，2008.

[100] 董哲仁．生态水工学的理论框架［J］．水力学报，2003，34（1）：1-6.

[101] 杜明格，生态水利工程学在苦溪河生态修复中的工程实践[D]．成都：四川大学，2006.

[102] 付融冰，陈小华，罗启仕，等．固化技术在农村河道生态护岸中的应用［J］．应用生态学报，2008，19（8）：1823-1828.

[103] 傅伯杰，陈利顶，马克明，等．景观生态学原理及应用［M］．2版．北京：科学出版社，2001：56，178-179.

[104] 傅国伟，程振华．水质管理信息系统的开发与设计［J］．环境科学，1998（4）：4-12，98.

[105] 高惠君．城市规划空间数据的多尺度处理与表达研究［D］．北京：中国矿业大学，2012.

[106] 高甲荣．近自然治理——以景观生态学为基础的荒溪治理工程［J］．北京林业大学学报，1999，21（1）：80-85.

[107] 高磊．湖泊、水库水环境管理信息系统的构建与开发［D］．北京：北京工业大学，2007.

[108] 高鹏．植物固土护坡机理及其在河道护坡工程中的应用[D]．扬州：扬州大学，2007.

[109] 郭泉水，洪明，康义，等．消落带适生植物研究进展［J］．世界林业研究，2010，23（4）：14-20.

[110] 韩雷，王宇，袁安丽，等．硬质护岸生态修复中的卵石覆盖保水性能研究［J］．黑龙江水专学报，2008，35（1）：5-7，11.

[111] 韩忠峰．城市湖泊的作用及整治工程的环境影响［J］．环境，2006（s1）：12-13.

[112] 河川治理中心．滨水地区亲水设施规划设计［M］．苏利英，译．北京：中国建筑工业出版社，2005.

[113] 胡海泓．生态型护岸及其应用前景［J］．广西水利水电，1999（4）：57-59，68.

[114] 胡鹏，吴艳兰，杨传勇，等．大型GIS与数字地球的空间数学基础研究［J］．武汉大学学报（信息科学版），2001，26（4）：296-302.

[115] 胡小冉．城市综合公园人工湖驳岸及亲水景观的改造与设计——以泾阳县泾干湖公园为例［D］．咸阳：西北农林科技大学，2016.

[116] 黄婷．城市湖泊型风景区景观设计初探［D］．武汉：武汉大学，2004.

[117] 黄奕龙．日本河流生态护岸技术及其对深圳的启示［J］．中国农村水利水电，2009（10）：106-108.

[118] 黄岳文，吴寿荣．感潮河道的生态护岸设计［J］．吉林水利，2005（8）：10-12.

[119] 季永兴，刘水芹，张勇．城市河道整治中生态型护坡结构探讨［J］．水土保持研究，2001，8（4）：25-28.

[120] 江锋，张俊云．植物根系与边坡土体间的力学特性研究［J］．地质灾害与环境保护，2008，19（1）：57-61.

[121] 金相灿，等．中国湖泊环境：第一册［M］．北京：海洋出版社，1995.

[122] 李贝．基于GIS的武汉东湖水环境信息管理系统研究与开发［D］．武汉：华中科技大学，2007.

[123] 李德仁，王树良，李德毅．空间数据挖掘理论与应用 [M]．北京：科学出版社，2006．

[124] 李德仁．论地理信息学的形成及其在跨世纪中的发展[J]．世界科技研究与发展，1996（5）：1-8．

[125] 李金花．山地城市滨水开放空间可达性研究初探［D］．重庆：重庆大学，2009．

[126] 李静．城市湖泊景观的保护与发展研究——以大明湖为例［D］．北京：北京林业大学，2009．

[127] 李颖．城市湖泊景观可持续营造研究［D］．哈尔滨：东北农业大学，2013．

[128] 刘安棋，钱云．城市湖泊对中国城市周边地区发展影响研究——以苏州、南京、杭州三个典型为例［A］//IFLA 亚太区，中国风景园林学会，上海市绿化和市容管理局．2012 国际风景园林师联合会（IFLA）亚太区会议暨中国风景园林学会 2012 年会论文集：上册．2012．

[129] 刘佳玲．探讨城市滨水空间的亲水性堤岸设计［D］．福州：福建农林大学，2007．

[130] 刘瑛，高甲荣，陈子珊，等．北京郊区两种生态护岸方式温湿度效应对比[J]．水土保持研究，2007，14（6）：219-222，226．

[131] 罗利民，田伟君，翟金波．生态交错带理论在生态护岸构建中的应用［J］．自然生态保护，2004（11）：26-30．

[132] 马新萍．解读"水十条"为何以改善水环境质量为核心［N］．中国环境报，2015-4-23．

[133] 孟东生，潘婷婷．城市滨水景观亲水性设计的探析［J］．艺术科技，2016，29（8）：319．

[134] 孟华，丁蕾，李晓东，等．松嫩平原湿地数据模型与 GIS 数据库的设计［J］．计算机工程与应用，2005，41（31）：185-188．

[135] 牛建忠．石家庄环城水系生态环境设施研究［D］．石家庄：河北科技大学，2012．

[136] 牛新征．空间信息数据库［M］．北京：人民邮电出版社，2014．

[137] 潘文斌，黎道丰，唐涛，等．湖泊岸线分形特征及其生态学意义［J］．生态学报，2003，23（12）：2728-2735．

[138] 彭盛华．流域水环境管理理论与实践［D］．北京：北京师范大学，2001．

[139] 瞿裕忠，胡伟，郑东栋，等．关系数据库模式和本体间映射的研究综述［J］．计算机研究与发展，2008，45（2）：300-309．

[140] 任亚萍，崔素娅．滨水空间亲水性生态护岸的景观设计［J］．信阳农业高等专科学校学报，2011，21（1）：125-126．

[141] 荣海山．城市湿地亲水性空间规划研究——以南宁市"中国水城"建设规划为例［D］．重庆：重庆大学，2012．

[142] 盛起．城市滨河绿地的亲水性设计研究［D］．北京：北京林业大学，2009．

[143] 树全．城市水景中的驳岸设计［D］．南京：南京林业大学，2007．

[144] 宋力，王宏，余焕．GIS 在国外环境及景观规划中的应用[J]．中国园林，2002，18（6）：56-59．

[145] 宋庆辉，杨志峰．对我国城市河流综合管理的思考［J］．水科学进展，2002，13（3）：377-382．

[146] 苏迎春，周廷刚．信息地理学的形成与发展［J］．安徽农业科学，2008，36（34）：15269-15271.

[147] 王建国，吕志鹏．世界城市滨水区开发建设的历史进程及其经验［J］．城市规划，2001，25（7）：41-46.

[148] 王利．景观学学科发展现状及发展趋势［J］．建筑设计管理，2006（3）：10-12，18.

[149] 王桥，魏斌．国家环境地理信息系统建设与发展研究［C］// 中国地理信息系统协会1999年年会．1999.

[150] 王苏民，窦鸿身．中国湖泊志［M］．北京：科学出版社，1998.

[151] 王文野，王德成．城市河道生态护坡技术的探讨［J］．吉林水利，2002（11）：24-26.

[152] 王贞．灌木介入的城市河流硬质护岸工程景观研究［D］．武汉：华中科技大学，2013.

[153] 王铮，丁金宏，等．理论地理学概论［M］．北京：科学出版社，1994：1-8.

[154] 魏海波．武汉市城市湖泊景观塑造研究［D］．武汉：华中科技大学，2006.

[155] 邬建国．景观生态学——概念与理论［J］．生态学杂志，2000，19（1）：42-52.

[156] 吴然，李雄．公园水体景观的亲水性研究——以成都活水公园为例［J］．攀枝花学院学报，2012，29（5）：48-50.

[157] 吴永辉．消除结构冗余的XML数据库模式规范化设计［J］．计算机研究与发展，2004，41（10）：1809-1814.

[158] 武汉市人民政府．武汉市保护城市自然山体湖泊办法［Z］．1999（12）.

[159] 武静．武汉滨湖景观变迁实证研究［D］．武汉：华中科技大学，2010.

[160] 夏继红，严忠民．国内外城市河道生态型护岸研究现状及发展趋势［J］．中国水土保持，2004（3）：20-21.

[161] 夏继红，严忠民．生态河岸带研究进展与发展趋势［J］．河海大学学报（自然科学版），2004，32（3）：252-255.

[162] 夏征农．辞海[M].上海：上海辞书出版社，1999：3777.

[163] 肖笃宁，李秀珍．景观生态学的学科前沿与发展战略［J］．生态学报，2003，23（8）：1615-1621.

[164] 谢平．翻阅巢湖的历史——蓝藻、富营养化及地质演化［M］．北京：科学出版社，2009.

[165] 谢平．论蓝藻水华的发生机制——从生物进化、生物地球化学和生态学视点［M］．北京：科学出版社，2007.

[166] 谢三桃，朱青．城市河流硬质护岸生态修复研究进展［J］．环境科学与技术，2009，32（5）：83-87.

[167] 信俊昌，王国仁，李国徽，等．数据模型及其发展历程［J］．软件学报，2019，30（1）：142-163.

[168] 熊大桐．中国林业科学技术史[M].北京：中国林业出版社，1995.

[169] 熊清华．城市湖泊生态景观恢复与更新研究［D］．武汉：武汉理工大学，2008.

[170] 徐海波，宗瑞英．谈城市河道生态护坡技术［J］．工程建设与设计，2005（1）：57-60.

[171] 许文杰．城市湖泊综合需水分析及生态系统健康评价研究［D］．大连：大连理工大学，2009.

[172]言志信，曹小红，张刘平，等.植物护坡的力学机制分析［J］.铁道建筑，2011（4）：92-94.

[173]颜慧.城市滨水地段环境的亲水性研究［D］.长沙：湖南大学，2004.

[174]杨桂山，马荣华，张路，等.中国湖泊现状及面临的重大问题与保护策略［J］.湖泊科学，2010，22（6）：799-810.

[175]杨锡臣.湖泊水文学［J］.地球科学进展，1991，6（6）：60-61.

[176]杨永兵，施斌，杨卫东，等.边坡治理中的植物固坡法［J］.水文地质工程地质，2002，29（1）：64-67.

[177]姚瑾.基于GIS的环境信息数据库维护和共享的研究［D］.西安：长安大学，2007.

[178]俞孔坚，胡海波，李健宏.水位多变情况下的亲水生态护岸设计——以中山岐江公园为例［J］.中国园林，2002，18（1）：37-38.

[179]袁进春.环境管理信息系统的研究现状和发展趋势［J］.环境科学，1987（5）：77-81.

[180]岳隽，王仰麟，彭建.城市河流的景观生态学研究：概念框架［J］.生态学报，2005，25（6）：1422-1429.

[181]张超，杨秉赓.计量地理学基础［M］.2版.北京：高等教育出版社，1991：1-12.

[182]张俊斌.多孔性护岸工程之植物根力研究［J］.水土保持研究，2007，14（3）：144-146.

[183]张庭伟，冯晖，彭治权.城市滨水区设计与开发［M］.上海：同济大学出版社，2002.

[184]长江水利委员会长江科学院，中国科学院测量与地球物理研究所，中国水产科学研究院长江水产研究所.长江中游江湖联系综合评价及闸口生态调度对策总报告［R］.2006.

[185]赵飞.滨水湖景观岸线设计探析——以聊城市东昌湖景观岸线为例［D］.聊城：聊城大学，2014.

[186]郑华敏.城市湖泊景观规划设计的研究——以三水云东海湖为例［D］.福州：福建农林大学，2005.

[187]郑华敏.论城市湖泊对城市的作用［J］.南平师专学报，2007，26（2）：132-135.

[188]郑华敏.论我国城市湖泊景观发展及现状［J］.福建建筑，2008（4）：82-84.

[189]中国科学院南京地理与湖泊研究所.中国湖泊生态环境研究报告[R].2022.

[190]中华人民共和国生态环境部.2022中国生态环境状况公报［R］.2023-05-29.

[191]朱国平，王秀茹，王敏，等.城市河流的近自然综合治理研究进展［J］.中国水土保持科学，2006，4（1）：92-97.

图 片 来 源

[1] 图 1-1：http：//bbs.gfan.com/android-4260472-1-1.html。

[2] 图 1-12：Welcome to the Anthropocene，德意志博物馆出版，2015。

[3] 图 1-16、图 6-3：ESRI E, white paper. REDLANDS C A. ArcGIS [J]. New York, 2004. http：//downloads.esri.com/support/documentation/ao_/698What_is_ArcGis. pdf。

[4] 图 1-17：http：//www.esri.com/software/arcgis/arcgisengine/extensions。

[5] 图 1-18：http：//desktop.arcgis.com/en/cityengine/latest/tutorials/tutorial-19-vfx-workflows-with-alembic.htm。

[6] 图 1-20："新一线城市研究所"文章《从 ofo 的运营数据中，你能看到的不仅仅是人们对共享单车的热情》；数据来源于 ofo 小黄车、新一线城市商业数据库、高德地图，2017-06-17。

[7] 图 1-21：PIETSCH M, KRÄMER M. Analyse der Verbundsituation von Habitaten und-strukturen unter Verwendung graphentheoretischer Ansätze am Beispiel dreier Zielarten [J]. Heidelberg：Herbert Wichmann Verlag，2009：564-573.

[8] 图 1-22：SCHALLER J, MATTOS C. ArcGIS ModelBuilder Applications for Landscape Development Planning in the Region of Munich，Bavaria [J]. 2010.

[9] 图 1-21：Matthias Pietsch，*GIS in Landscape Planning*。

[10] 图 4-1：https：//www.pinterest.de/pin/532339618436973887/。

[11] 图 6-1：http：//www.esri.com/news/arcnews/fall04articles/arcgis-raster-data-model.html。

[12] 图 6-4：https：//gis.stackexchange.com/questions/106858/writing-multiple-file-geodatabase-tables-into-csv-file-with-arcpy。

[13] 图 6-5：ESRI, ArcGIS8.0 white' book：http：//dusk.geo.orst.edu/buffgis/what_is_arcgis.pdf。

[14] 图 6-9：http：//webhelp.esri.com/arcgisdesktop/9.2/index.cfm?TopicName=an_overview_of_arccatalog。

[15] 图 1-4、图 1-5 郭玉摄影，2017 年。

[16] 图 1-24 田飞摄影，2016 年。

[17] 图 3-6、图 4-12 李顶根摄影，2017 年。

除注明来源的图片，其余图片均为作者自摄或自绘。

后　记

　　城市湖泊与河流景观的亲水性是一个复杂的综合概念，它既包含对亲水场所及周边环境物质要素的研究（如可达性、驳岸环境的生态性、亲水活动的组织、景观视线的创造、场地空间的适宜性等），也有对使用者心理需求要素的探寻（如人的视觉、听觉、触觉对湖泊与河流的反应、人的亲水喜好等）。

　　中外学者对城市湖泊与河流的研究大多数集中于对这些水体生态环境变化成因的分析及改善措施的探索上。有关城市湖泊与河流景观的研究分散于城市滨水景观研究等相关领域，且多以大尺度、综合性的面貌出现，并集中于水体护岸边坡的生态工程研究上，往往忽略了人对湖泊与河流等水体的使用愿望和使用过程研究。零零散散为数不多的相关研究将"亲水性"等同于"可达性"来阐述，从而将研究专注于交通可达性或者护岸形态的研究上。本书则以环境设计的视角，从物质和心理两个层面探讨城市湖泊与河流景观的概念、内涵及基础理论，试图将亲水性作为切入点来厘清城市滨水景观设计中人与水的互动关系，理解人与水的互动逻辑，为营造良好的城市滨水开放空间提供有效的途径。

　　传统的城市滨水景观研究多使用定性研究的方法，其特点是主观描述过多。然而景观设计最终是要落实到工程实践的，项目实施的结果往往与人们最初的美好愿景相去甚远。究其原因便是没有将设计的基础放在研究环境本身的自然规律和对客观条件的科学分析上，实践证明主观臆断、拍脑袋的设计方案是不可能获得真正成功的。本书的研究坚持将 GIS 技术介入传统的景观规划设计领域，重新认识、分析、再现人居环境所拥有的各项特征。然而地理信息系统从一开始就是为自动化地图制作而设计的，而环境设计师的研究目的不是地图，而是作为地理现象的景观中的规律。研究规律最常用的方法就是建立模型，地理信息系统最大的问题是不直接支持模型运算，它的模型运算需单独进行，再将运算结果可视化来指导设计。不仅如此，研究者对于空间技术、模型建立和运算等知识的缺乏是一种普遍现象，即使在广泛的计算机或者地理学专家之中也是如此，对于城乡环境建设领域的学者、设计师们就更是明显的缺失。

　　近十年来，环境专业领域对空间技术应用的需求在稳步增长，这也是促使我们下决心做本书研究的初衷。尽管由于专业背景所限，作者对于地理信息学知识的掌握还处于起步阶段，我们在做这种跨学科研究时深感捉襟见肘、步履维艰。但正是如此困境使我们明白了跨学科研究的重要性，由此坚定了我们将研究继续下去的决心。千里之行始于足下，希望本书可以成为相关研究的一个小小开端，起到抛砖引玉的作用，为我国城市水环境建设提供有益的探索，辅助设计、引发研究。

　　本书的付梓深得各位同仁和师长的鼎力协助，首先要感谢万敏老师创办的工程景观学，为我们这些初启研究航程的学者提供了一个研究的崭新视角，并敦促我们在跨学科研究的探索中不断前行。还要感谢华中科技大学出版社申请的湖北省公益学术著作出版专项资金资助项目基金，为"工程景观研究丛书"的出版提供了坚强的后盾。同时感谢华中科技大学建筑与城市规划学院各位老师对我长期的理解与包容，吕宁兴、宋晓东等老师一直以来对我的信任与鼓励，合作者张何的耐心细致工作，我的几届硕士研究生参与了大量调研、资料收集与整理工作，特别是李彤和刘馨泽同学对本版书稿的文献与项目案例资料的收集整理，都令我非常感激。还要特别感谢的是易彩萍编辑，她从本书出版计划之初，一直到这一版的编辑、整理、排版校正、封面设计等，每一步的认真负责、耐心周到是本书得以出版的最重要保证。最后要感谢我的父母和儿子，他们是我不断前进的最大动力，唯有认真研究、认真思考、认真写作，才能做到不负读者及亲友的厚爱。

王　贞

2023 年 9 月 22 日于武汉